DEUTZ
SLE
H 321

Verlag Podszun-Motorbücher GmbH
Elisabethstraße 23-25, D-59929 Brilon
Herstellung Druckhaus Cramer, Greven
ISBN 3-86133-301-5

Titelfotos: Udo Paulitz (oben links), Rudi Heppe (oben rechts), Prospektabbildung (unten)
und Jürgen Svensson (Rückseite)

Jahrbuch 2002 Traktoren

PODSZUN

Liebe Leserin, lieber Leser!

Wir freuen uns sehr, Ihnen wieder eine bunte Mischung unterschiedlicher Themen rund um das Hobby Traktoren anbieten zu können. Dank gilt an dieser Stelle allen Autoren und Bildgebern, die in den letzten Wochen und Monaten mit Engagement und Tempo gearbeitet haben, damit dieses Jahrbuch rechtzeitig zur Frankfurter Buchmesse 2002 erscheinen kann. Ein technischer Hinweis: Namentlich gekennzeichnet sind lediglich Abbildungen, die nicht von den jeweiligen Verfassern der Artikel stammen.

Damit die Autoren dieser Ausgabe hier nicht nur als pure Namen „verewigt" werden, möchten wir sie in aller Kürze vorstellen. Michael Bach lebt in Berlin, er schreibt für Fachzeitschriften und hat bereits eine ganze Reihe von Büchern über Traktoren verfasst (siehe auch Seite 143). Im sauerländischen Brilon lebt Rudi Heppe, der Kennern der Traktoren-Szene ebenfalls seit langem als Buchautor (siehe auch Seite 143) und freier Publizist ein Begriff ist. Auch Werner Kuhn aus Edesheim ist kein Unbekannter mehr, er schreibt für verschiedene Fachpublikationen und hat das Buch „Schmalspurtraktoren" veröffentlicht. Der Diplom-Ingenieur Achim Bischof lebt in Potsdam, war in der ehemaligen DDR Experte für Traktoren und hat mittlerweile viele Artikel für unsere Jahrbücher verfasst. Erstmalig unter die Autoren gegangen ist der Ingenieur Jürgen Svensson aus Dormagen, der Mitarbeiter einer Berufsgenossenschaft war. In Hanerau-Hademarschen lebt Karl-Heiz Brüggmann. Dort malt er in seinem Atelier faszinierende Aquarelle von historischen Traktoren. Buchautor Udo Paulitz schließlich ist seit langem ein Begriff in der Traktoren-, Lokomotiven- und Feuerwehrszene. Er verfügt über ein riesiges Archiv „selbstgeschossener" Aufnahmen, aus dem er sein vor kurzem in unserem Verlag erschienenes Buch „Hanomag-Traktoren" illustrierte.

Ihnen, liebe Leserin, lieber Leser, wünschen wir viel Vergnügen mit dem Jahrbuch und nicht vergessen: das nächste Jahrbuch Traktoren, die Ausgabe 2004, ist im Oktober 2003 erhältlich. Falls Sie selbst einmal für das Jahrbuch zur Feder greifen möchten, seltenes Bildmaterial zur Verfügung stellen können, Kritik oder Anregungen anbringen möchten, schreiben Sie uns bitte an die unten stehende Adresse. Wir freuen uns auf den Kontakt mit Ihnen.

Ihr Redaktionsteam „Jahrbuch Traktoren"

P.S.

Sie können das Jahrbuch Traktoren in Buchhandlungen oder direkt beim Verlag auch abonnieren. Von den Ausgaben 1998, 1999, 2001 und 2002 sind noch einige Exemplare erhältlich. Fordern Sie unser kostenloses Gesamtverzeichnis mit Büchern über Baumaschinen, Lastwagen, Autos, Motorräder, Traktoren, Lokomotiven und Feuerwehrfahrzeuge an: Verlag Podszun-Motorbücher, Elisabethstraße 23-25, D-59929 Brilon, Telefon 02961 / 53213, Fax 02961 / 2508, Email: verlag.podszun@t-online.de

Von der selbstfahrenden Mähmaschine zum Kleinschlepper

von Michael Bach

Die Landwirtschaft Süd- und Südwestdeutschlands war bis weit in die fünfziger Jahre des vorigen Jahrhunderts traditionell von zwei Merkmalen geprägt: bei den Höfen handelte es sich überwiegend um Familienbetriebe, die einen hohen Grünlandanteil aufwiesen. Ackerbau fand dagegen allenfalls auf kleinen Flurstücken statt, mittlere oder gar größere Betriebe mit intensivem Ackerbau waren, von einigen Regionen Bayerns abgesehen, eher die Ausnahme.

Vielfach waren die Bauernhöfe noch mit einem anderen, der Landwirtschaft nahestehenden Gewerbe verbunden, mit Gastwirtschaft und Brauerei, Mühle, Schmiede o. ä.

Entsprechend sahen die Hauptarbeiten aus, die übers Jahr verrichtet werden mußten. Den weitaus größten Anteil hatte die Mahd der Wiesen und kleinen Getreidebestände – eine schwere und oft auch für Mensch und Tier gefahrvolle Arbeit an steilen Hanglagen. Die Heuernte stellte eine echte Arbeitsspitze dar, die mit den meist nur zur Verfügung stehenden Zugkühen nur recht und schlecht zu bewältigen war. Daneben gab es einiges zu pflügen, es mußte Mist gefahren werden, Transporte waren zu leisten – das Übliche in der Landwirtschaft eben.

In einigen dieser Familienbetriebe, gerade in jenen, die mit einer kleinen Werkstatt gekoppelt waren, waren die Söhne mittlerweile an der aufkommenden Motorisierung interessiert, und in den spä-

Das Freilichtmuseum Am Kiekeberg mit Kramer zu Besuch im Agrarmuseum Wandlitz

ten zwanziger Jahren ereignete sich an mehreren Orten nahezu gleichzeitig, aber völlig unabhängig voneinander eine Entwicklung, deren Folgen – durchaus positiver Art – noch gar nicht absehbar waren.

Die Idee, die diese jungen Männer hatten, war im Wesentlichen diese: man wollte das Mähen motorisieren und damit leichter und gefahrloser, schneller und damit unabhängiger vom Wetter und schonender für Menschen und Zugtiere machen. Wenn eine solche motorisierte, selbstfahrende Mähmaschine darüber hinaus auch noch einen Pflug oder einen Wagen ziehen könnte: umso besser, aber das spielte zunächst höchstens eine zweite Geige.

Die Fahrzeugkonzeption, die allen diesen Maschinen zugrunde lag, war weitgehend die gleiche. Auf einem sehr solide gearbeiteten Rahmen aus geschweißtem, in Form eines annähernden Dreiecks angeordneten Profilmaterial wurde zwischen Vorder- und Hinterachse ein Motor aufgeschraubt. (Bei den allerersten Ausführungen handelte es sich um luftgekühlte, stehende Zweitakt-Vergasermotoren, von den frühen dreißiger Jahren an dann zunehmend um liegende, verdampfungsgekühlte Einzylinder-Dieselmotoren).

Am vorderen, spitzen Ende des Rahmens befand sich die mit einem Achsbolzen pendelnd aufgehängte Vorderachse, der hintere Rahmen nahm Schaltgetriebe und Antriebsachse auf. Die Durchmesser der hinteren und vorderen Räder, zunächst noch karrenähnliche Eisenräder, waren nicht sehr unterschiedlich, die Hinterräder wiesen jedoch stärkere Profilierungen auf, ähnlich denen gezogener Mähmaschinen. Überhaupt war die Verwandtschaft mit bzw. die Ableitung von den bekannten und bestens eingeführten Anhänge-Mähmaschinen unübersehbar.

Höchst überraschend ist die Vielzahl der Hersteller, die sich an die Konstruktion solcher Selbstfahrer wagten und die diese Maschinen sogar auf den repräsentativen DLG-Ausstellungen zeigten. Jedoch konnten sich nur einige wenige tatsächlich durchsetzen. Sie legten die Grundsteine für eine außerordentlich erfolgreiche Schlepperproduktion dieser Marken in den folgenden Jahrzehnten.

Kramer

Emil Kramer war der erste, der in seiner Landmaschinenhandlung und –werkstatt im südbadischen Gutmadingen mit einem selbstfahrenden Motormäher experimentierte, tatkräftig unterstützt von seinen jüngeren Brüdern Hans und Karl. 1925, kurz vor dem Weihnachtsfest, stellte er die erste Konstruktion vor, die auf einem umgebauten Gespann-Grasmäher beruhte. Der Einzylinder-Zweitakt-Vergasermotor von DKW leistete ganze 4 PS. Er saß auf der Deichsel, die Vorderkarre und Hinterwagen verband, der Antrieb erfolgte über Reibungskupplung, Getriebe (2 V, 1 R) und Ketten. Ein Differential gab es nicht.

Gemäht werden konnte, der Jahreszeit entsprechend, wohl nicht viel, aber das Funktionsprinzip wurde demonstriert. Beim Antrieb einer Kreissäge hingegen und beim Pflügen des gefrorenen Bodens setzte die Maschine die skeptischen Beobachter in Erstaunen. Die Folge waren 33 verkaufte Kramer-Motormäher im nächsten Jahr! Und schon hatte das Gerät seinen epochemachenden Namen weg: der "Kleine Kramer" stand 1926 "auf der DLG" in Dortmund.

Das Krupp-Patent-Mähwerk vom Typ F 3 wurde von einer Exzenterwelle vom Motor aus angetrieben,

Kramer-Motormäher, ca. 1926, mit DKW-Zweitakt-Vergasermotor

Kramer GL 9 mit Güldner-Lanova-Motor, 10 PS

K 12 mit dem stärkeren Motor GL 14, 12 PS (1933-1936)

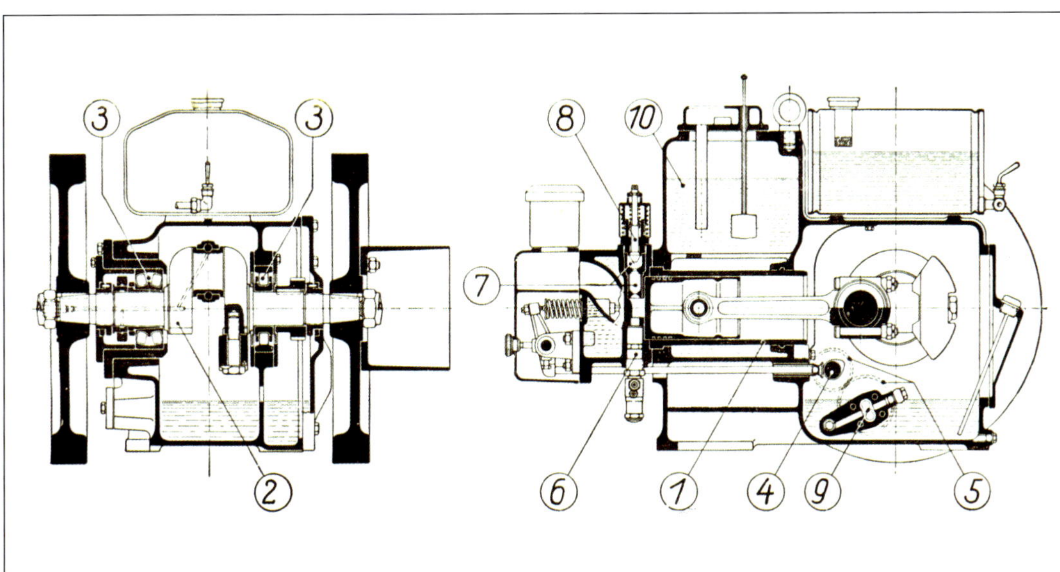

Schnittbilder des Lanova-Dieselmotors, Beschreibung aus dem Originalprospekt: (1) auswechselbare Zylinderbüchse, (2) aus einem Stück geschmiedete Kurbelwelle, (3) stark dimensionierte Rollenlager, (4) Steuerung des Motors durch wagrechte Steuerwelle, (5) schräg verzahnte Antriebsräder im Ölbad, (6) nie verstopfende Zapfendüse mit großem Ringquerschnitt, (7) Luftspeicher mit Doppelkammer, (8) Speicherventil zum Anlassen des Motors ohne jedes Hilfsmittel, (9) Schmierölpumpe zur selbsttätigen und zwangsläufigen Druckumlaufschmierung d. Kurbel- und Pleuelstangenlagers, (10) Verdampfungskühlung

K 12 mit angebauter Kreissäge

mit Anhängekupplung und Riemenscheibe verfügte der "Kleine Kramer" über sehr sinnvolle Details. 1928 erhielt das Getriebe einen weiteren Vorwärtsgang. 1928 konnten die Kramer-Brüder 250 Bestellungen entgegennehmen.

1929 nahm Emil Kramer eine erste, grundlegende Veränderung vor. Das Fahrzeug entfernte sich nun mit seinem Stahlrahmen deutlich vom motorisierten Gespanngerät, der Zweizylindermotor, nach wie vor von DKW bezogen, leistete 12 – 14 PS und entsprach damit schon weit eher den Anforderungen beim Pflügen und Ziehen, und auch ein Bindemäher konnte nun zufriedenstellend eingesetzt werden.

Das Reichskuratorium für Technik in der Landwirtschaft – hier in der Folge nur noch mit seiner offiziellen Abkürzung RKTL bezeichnet – veröffentlichte in seiner Schriftenreihe 1932 eine Untersuchung der verbreitetsten selbstfahrenden Motormäher. Ihr entnehmen wir eine interessante Beurteilung der Kramer-Maschine: " Der Kramer-Motorgrasmäher ... hat einen schmiedeeisernen Rahmen (und) vier leichte, gleich große Fahrräder ... Die beiden Antriebsfahrräder sitzen lose auf der Hinterachse und werden ohne Differential ... angetrieben. Da sie durch Sperrklinken mitgenommen werden, die nur bei Vorwärtsfahrt eingreifen, so ist eine Rückwärtsfahrt nur möglich, wenn außer dem Rückwärtsgang auch noch eine Kupplung betätigt wird, die ein Hinterrad mit der Antriebsachse fest verriegelt. Außer dem Rückwärtsgang hat das Getriebe zwei Vorwärtsgänge ... Das Messer ist mittels eines Hebels jederzeit ein- und auszurücken. ... (Der Vorderwagen erscheint) wie bei den früheren Modellen zu leicht, so daß die Steuerung vielfach versagt. Der Motor ist gewöhnlich schwer in Gang zu bringen, da die Andrehkurbel sich nicht durchdrehen läßt. Beim Rückwärtsfahren wühlt sich meistens das linke Rad, das nur allein antreibt, ein. Ebenso reicht die Bremsung nur eines Rades in bergigem Gelände nicht aus. Das Messer sollte sich beim Heben des Balkens möglichst automatisch ausschalten. Zum Ziehen von Wagen und zum Pflügen dürften das vorhandene Vorgelege sowie das Kegelrad nicht ausreichen. ... Schnelle Richtungsänderungen sind praktisch nicht möglich, da das treibende Fahrrad meistens auf dem Boden mehr gleitet als treibt. Der bei Gespanngrasmähern übliche Radantrieb ohne Differential ist für selbstfahrende Motorgrasmäher unzweckmäßig. Sämtliche an der Maschine vorhandenen Triebketten haben keine Spannvorrichtungen und sind infolgedessen einem außergewöhnlichen Verschleiß unterworfen."

Die an dieser Stelle vom RKTL aufgezeigten Kritikpunkte – die ja gleichzeitig deutlich machten, welche Verbesserungen unabdingbar waren – sollten sich wie ein roter Faden durch die ganze Kategorie dieser Maschinengattung, gleich welchen Herstellers, ziehen.

Die Brüder Kramer (Emil Kramer war 1931 verstorben) verfolgten aufmerksam zwei Entwicklungen, die für den Durchbruch der Bauernschlepper die unverzichtbaren Voraussetzungen schufen: die des Kleindieselmotors und die der Luftbereifung.

Ihre Wahl fiel auf einen 8 – 10 PS leistenden Güldner-Diesel der Baureihe GL. Diese Bezeichnung steht für das "Güldner-Lanova"-Verbrennungsverfahren, das für die Güldner- Dieselmotoren für lange Zeit so typisch werden sollte. Es handelte sich um einen liegenden Einzylinder mit Verdampfungskühlung: damit hatte man bei Kramer sämtlichen anderen, konkurrierenden Fabrikaten die Richtung gewiesen.

Das Verfahren sei hier kurz erläutert. Die Brennstoffpumpe spritzt den Brennstoff durch eine Zapfendüse mit großem Ringquerschnitt in einen besonders geformten Brennraum, der zum Zylinderraum hin offen ist. Ein Teil des Brennstoffs gelangt, nach Erwärmung durch die heiße Luft, in den Luftspeicher und ruft hier eine Teilverbrennung mit hoher Drucksteigerung und damit ein starkes Rückströmen des Speicherinhalts in den Brennraum hervor. Der Speicherstrahl durchquert den Brennraum in entgegengesetzter Richtung zum Brennstoffstrahl und gabelt sich vor der Düse in zwei Teilstrahlen, die seitlich abgelenkt werden und kräftige Verwirbelungen der im Brennpunkt befindlichen Luft mit entgegengesetzter Drehrichtung bewirken. Der Brennstoffstrahl wird auf dem Weg zwischen Düse und Speichermündung durch den entgegenblasenden Speicherstrahl aufgehalten und abgeschält. Der Brennstoff wird den beiden seitlich auseinanderstrebenden Teilströmen zugemischt, wobei der infolge der Teilverbrennung im Speicher hoch erhitzte Speicherstrahl die Entflammung des Brennstoffs begünstigt. Durch die kreisende Bewegung der Luft im Brennraum wird dem Brennstoffstrahl von beiden Seiten während der ganzen Dauer der Verbrennung frische Luft zugeführt.

Kramer K 18 M mit dem Güldner-Motor GL 16, 16 PS (1933-1936)

Der "Kleine Kramer" sollte auch als Straßenschlepper eingesetzt werden!

Die Güldner-Kleindieselmotoren waren mit einem Verbrauch von nur 185 g/PS/h sehr sparsam, sie wiesen niedrige Pumpen- und Verbrennungsdrücke auf, was ihrer Lebensdauer zugute kam und sprangen auch bei Kälte leicht an.

Ab 1933 standen zwei Kramer-Kleinschlepper bereit, für die gleiche Typenbezeichnungen wie für die Güldner-Motoren verwendet wurde: der GL 9 mit einer Leistung von 10 sowie der GL 14 mit 14 PS. Beide besaßen Getriebe der renommierten Berliner Getriebefabrik Prometheus (3 bzw. 4 V, 1 R). Nach wie vor erfolgte der Antrieb über eine Rollenkette. Für den GL 14 wurde eine Höchstgeschwindigkeit von 14 km/h und eine maximale Anhängelast von 12,5 Tonnen angegeben. Beide Typen verfügten über Differentialsperre, auf das Getriebe wirkende Hand- und auf die Hinterräder wirkende Fußbremse. Bei Luftbereifung der Dimension 4,50 – 17 vorn, 6.00 – 20 hinten lagen die Gewichte bei 1.100 – 1.300 kg.

Von 1933-36 wurden die Kramer GL 9 und GL 14 gebaut, in insgesamt 103 bzw. 299 Exemplaren. Allerdings wurde Anfang 1936 eine neue, von den Güldner-Motoren unabhängige Typenbezeichnung eingeführt. Der kleiner Schlepper hieß nun K 12 (K natürlich für Kramer – ein Zeichen des mittlerweile gefestigten Selbstvertrauens der Gutmadinger), er war, mit dem größeren Motor GL 14, auf 12 PS erstarkt. Der stärkere Bruder wurde als K 18 bezeichnet. Sein Motor vom Typ GL 16 leistete 16 PS.

In den Jahren 1935/36 erhielten die "kleinen Kramer" einen weiteren, populären Namen, der ähnlich legendär werden sollte wie der "Bulldog" von Lanz: man nannte sie nun "Allesschaffer" – und dieser Name war Programm. Es gab eigentlich keine Arbeit, vor der diese Schlepper kapitulieren mußten.

Typ K 12 M, Güldner-Wirbelkammermotor GW 14, 14 PS (ab 1937)

K 18 M mit Motor GW 20, 18 PS

K 18 M mit Deutz-Motor
MAH 516 und Zapfwelle

Aus der Nachkriegsproduktion:
K 18, der "Familien-Kramer"

Nach wie vor bezog man die Getriebe, die nun durchweg vier Vorwärtsgänge und einen Rückwärtsgang besaßen, von Prometheus. Die Ausführung des U-Profilrahmens war außerordentlich solide, das Schleppergewicht auf 1.450 bzw. 1.650 kg angestiegen. Der Schritt vom Motormäher hin zum echten Bauernschlepper war vollzogen. Anhängekupplung und Ackerschiene waren vorhanden, allerdings mußten ihn die Bauern bezahlen: Mähantrieb und Messerbalken standen von nun an in der Liste der Sonderausstattungen gegen Aufpreis. So ausgerüstet, hießen die Schlepper K 12 M und K 18 M. Aber auch so waren sie noch konkurrenzlos preisgünstig, sie waren äußerst sparsam, zuverlässig und robust und eben universell einsetzbar. Der Erfolg blieb nicht aus: bis 1939 waren über 10.000 Kramer gebaut und verkauft.

1937 wurde in den K 18/K 18 M erstmals ein Getriebe von ZF eingebaut, für den K 12 M verwendete man es erst ab 1939: der Grund mag darin zu suchen sein, daß man bei Prometheus alle Kapazitäten für das zusammen mit dem Primus-Traktorenwerk entwickelte Einheitstriebwerk Ass 12 benötigte. Güldner stellte seine Motoren auf das Wirbelkammerprinzip um, nannte dieses allerdings, abweichend vom allgemeinen Sprachgebrauch, "Wälzkammer-Verfahren".

Damit war eine Leistungssteigerung verbunden. Im K 18 leistete der Motor GW 20 nun 18, im K 12 brachte der Motortyp GW 14 exakt 14 PS. Diese Motoren erforderten jedoch eine relativ lange, vielleicht zu lange Erprobungsphase, ehe sie ausgereift waren. Jedenfalls ging man bei Kramer nach nur 248 Exemplaren dazu über, Deutz-Motoren der Baureihe MAH (514 und 516) in die Schlepper einzubauen. Ihre Leistung betrug 11 bzw. 16 PS. Für den K 18 war nun auch eine Zapfwelle lieferbar, die über Kette und Ritzel vom Mähantrieb angetrieben wurde.

Mittlerweile war das Verbreitungsgebiet der "Allesschaffer" nicht mehr auf den Süden und Südwesten Deutschlands beschränkt. Ihre Vorzüge hatten sich herumgesprochen und sicherten ihnen in der Sparte Kleinschlepper bis 20 PS einen vorderen Platz. Dazu hatten ihre zweckmäßige, solide Konstruktion und hochwertige Ausführung ebenso beigetragen wie ihr günstiger Preis: im Jahr 1939 kostete ein Kramer K 12 M 3.050, ein K 18 M 3.600 RM.

Für einen 20 PS Ackerluft-Bulldog von Lanz wurden im gleichen Jahr 4.150 RM verlangt, ohne jedes Zubehör.

Aus den "Allesschaffern" waren also echte Bauernschlepper geworden. Das Typenvereinheitlichungs-Programm des Schell-Plans hätte jedoch das Ende der Kramer-Kleinschlepper und aller ihrer nach dem gleichen Konzept gebauten Konkurrenten bedeutet, wenn es jemals konsequent umgesetzt worden wäre. Es verlangte Schlepper, die aus weitgehend baugleichen Komponenten zusammengesetzt waren: Deutz lieferte den dabei vorherrschenden Zweizylindermotor F2M414, Prometheus das Getriebe Ass 12, das sogleich von ZF übernommen wurde. Der Primus-Bauernschlepper von Johannes Köhler aus Berlin stellte gewissermaßen den Prototyp dieser Schleppergattung dar in seiner modernen, große Stückzahlen ermöglichenden rahmenlosen Blockbauweise, die überdies unzweifelhaft Vorteile für einen Schlepper aufwies, der in erster Linie zu Ackerarbeiten eingesetzt werden sollte. Die verwindungssteife Blockkonstruktion war, etwa beim Pflügen schweren Bodens, der Rahmenbauweise doch überlegen, und auch die deutlich größere Bodenfreiheit war hier ein Vorteil. Bei Kramer war man gezwungen, mit verschiedenen Vorserienmodellen zu experimentieren, Schließlich rettete man sich mit einem Holzgas-Schlepper in der Einheitsbauweise über die Zeit – aber dies ist eine andere Geschichte.

Das Rahmenkonzept hatte sich aber ohne Frage so bewährt, daß man in Gutmadingen im Spätsommer 1948 die Produktion der nahezu unveränderten Typen K 12 und K 18 wieder aufnahm. Die Bestellungen für diese Schlepper überstiegen zunächst die Produktionskapazitäten erheblich. Ab Modelljahrgang 1949 erhielten die "Allesschaffer" ein weiteres, für alle Kramer-Schlepper bis in die späten fünfziger Jahre charakteristisches Merkmal: breite, mit sicheren Rückenlehnen versehene Kotflügel über den Hinterrädern, mit denen nun die ganze Bauernfamilie aufs Feld fahren konnte – der "Familien-Kramer" war geboren.

Die Notwendigkeit, eine Zapfwelle zur Verfügung zu haben, auch ohne daß der Schlepper einen Mähantrieb besaß, führte dazu, daß man ein eigenes Fünfganggetriebe entwickelte, denn mit dem ZF-Triebwerk K 30 D war das nicht möglich.

Die Verdampfungskühlung des Güldner-Motors GW 20, die mit ihrem hohen Wasserverbrauch im stundenlangen Einsatz beim Ackern mitunter problematisch war, wurde zu einer hier als Thermosyphon-Kühlung bezeichneten Umlaufkühlung weiterentwickelt, ähnlich der bekannten Ausführung des Lanz

"Jubiläums-Modell" K 22 Th mit Deutz MAH 916 und Thermosyphon-Kühlung

Der kleine K 12 V

K 12 Th mit Deutz MAH 914

Bulldog: ein geschlossenes System mit Lamellenkühler und Lüfterrad, das per Riemen vom Motor angetrieben wurde und in dem der Wärmeaustausch durch das Gefälle von erwärmtem und abgekühltem Wasser erfolgte.

Der erste Schlepper, der serienmäßig damit ausgerüstet wurde, war der als "Jubiläumsmodell" bekannt gewordene, ab 17. Januar 1950 gebaute Typ K 22 Th – Th natürlich für Thermosyphon-Kühlung. Ein weiteres Merkmal war die große, wohlgerundete Motorhaube, deren charakteristisches Aussehen sich hier erstmals andeutete und das für Kramer-Traktoren der fünfziger Jahre so bestimmend werden sollte. Ihm folgte bald der K 12 Th mit dem umgebauten Deutz-Motor MAH 914, der jetzt 12 PS leistete. Beide waren wahlweise mit dem alten ZF-Getriebe oder mit dem neuen, eigenen Triebwerk mit fünf Vorwärtsgängen und Zapfwelle lieferbar.

Der kleine Typ K 12 wurde im gleichen Jahr durch den K 12 V ersetzt, der nach wie vor den Verdampfermotor besaß, nun aber verborgen durch eine der neuen Linie angepaßte Haube, die mit elegantem Bogen die Schwungräder frei ließ. Oben sah der Einfüllstutzen des Verdampfers durch ein großes Loch in den Himmel. Dieser Kramer war "auf der DLG" 1950 in Frankfurt der preiswerteste Schlepper des gesamten Angebots aller Marken. Noch auf der Ausstellung wurden täglich bis zu 40 Stück verkauft, bis zum Ende der Schau war die gesamte Jahresproduktion an den Mann gebracht, die Typen K 12 Th und K 22 Th eingeschlossen! Weitere Varianten waren Schmalspur-Ausführungen (in unbekannter Stückzahl), die "Th-Modelle" erhielten gefederte Vorderachsen, und schließlich brachte man noch eine besonders preiswerte Ausführung, den K 12 V/K, auf den Markt, bei dem der verdampfungsgekühlte Motor erhalten blieb, unterstützt von einem Lamellenkühler mit Gebläse. Dies sei nur der Vollständigkeit halber angemerkt.

Im August 1951 lief der 20.000ste Kramer-Schlepper, ein K 22 Th, vom Band, was die bekannte Bezeichnung "Jubliläums-Kramer" erklärt. Er kostete rund 7.000 DM. Mit diesen Modellen endete die Produktion der Rahmenschlepper, die auf selbstfahrende Grasmäher zurückgeführt werden können, bei Kramer endgültig. Die Entwicklung eigener Getriebe und der Einbau moderner, stehender Ein- und Zweizylindermotoren von Güldner, MWM und Deutz – bald auch luftgekühlt – führten zu einer völlig neuen Baureihe in Blockbauweise.

Die Schlepper aus Gutmadingen erfreuten sich bis zur Produktionseinstellung eines ganz ausgezeichneten Rufs bei den Landwirten. Sie waren nur nicht mehr ganz so preiswert wie ehedem, und deshalb wiederum erreichten ihre Stückzahlen keine Spitzenwerte.

Dank überdurchschnittlicher Innovationen und Qualitäten in der Getriebe-, Allrad- und Hydraulik-Technik konnte sich das Unternehmen im Baumaschinenbereich bis heute einen guten Platz am Markt sichern.

Epple & Buxbaum

Wenn wir eingangs gesagt haben, daß alle Maschinen dieser Kategorie nach dem gleichen Schema aufgebaut waren (Rahmen, liegender Motor, Antrieb über Kette oder Riemen), so muß sofort gesagt werden: keine Regel ohne Ausnahme. Bereits der in der Chronologie zweite Vertreter seiner Art war, was Motor und Antrieb angeht, ganz anders geartet.

Die Vereinigten Fabriken landwirtschaftlicher Maschinen, vormals Epple & Buxbaum in Augsburg konnten auf eine lange, bis in die Mitte des 19. Jahrhunderts zurückreichende Geschichte verweisen, ja, eigentlich hatten sie ihre beste Zeit hinter sich, als sie im Jahr 1927 fünf Exemplare eines kleinen Schleppers auf der Dortmunder DLG-Ausstellung präsentierten. Man kann davon ausgehen, daß das Traditionsunternehmen hoffte, damit noch einmal den Anschluß an die Fertigung aktueller Landmaschinen zu gewinnen.

Daß man dabei eine glückliche Hand bewies, darf bezweifelt werden, sowohl was die Namensgebung als auch die Motorisierung der Neukonstruktion betraf. Ausgangsbasis des "Rollmops" genannten Kleinschleppers war wiederum ein Anhängegrasmäher, der den hinteren Teil des Fahrgestells bildete. Nach vorn war über zwei Deichselschuhe der Rahmen verlängert worden, der Motor, Getriebe mit Mähantrieb und Riemenscheibe sowie die Vorderachse trug. Als Motor diente der stehende Einzylinder-Vergasermotor des populären Hanomag-Kleinwagens "Kommißbrot"! Eine gewölbte Haube dekkte ihn ab, außerdem den Benzintank, das Kühlsystem u. a. Nebenaggregate. Das Getriebe verfügte über zwei Vorwärtsgänge und einen Rückwärtsgang; mittels eines Pedals konnte das vom Motor angetriebene Mähwerk ein- und ausgeschaltet werden. Die eisernen Hinterräder wiesen die für Mähmaschinen typische Profilierung auf, vorn gab es eiserne Scheibenräder.

Der Ausstellungskatalog macht folgende Mitteilung: "Stand 113, Epple & Buxbaum ...

5 Motormähmaschinen "Rollmops" – je 3.200 RM. Einzylinder-Motor 10/12 PS, - Umdreh.; 2 Vorwärtsgeschw. 4 u. 6 km, 1 Rückwärtsgeschw. 4,5 km; Wasserkühlg.; für Benzin. 1,53 m Schnittbr.; eingerichtet zum Ziehen v. Lastwagen, landw. Arbeitsmaschinen, wie Sämaschinen, Eggen, Walzen, Pflüge, u. zum Antrieb ortsfester Arbeitsmaschinen; Gew. 1,25 t. DRP angemeldet."

Zwar war der kleine Hanomag-Motor leicht und für die Zeit durchaus modern, mit hängenden, über Stößelstange und Kipphebel betätigten Ventilen, er war auch unkompliziert, jedoch mit seinen 10 – 12 PS bei 2.500 U/min aus nur 502 cm^3 einfach nicht ausreichend für den mit 1.250 kg doch recht massiven "Rollmops". Mochte das Mähen noch befriedigende Arbeitsergebnisse zeitigen, war es um die Zugkraft doch schlecht bestellt. Dennoch sind in Süddeutschland einige "Rollmöpse" verkauft worden, zu Weiterentwicklungen – die Bauern verlangten vor allem nach einem stärkeren Motor – kam es jedoch nicht. Die Produktion wurde noch vor 1930 eingestellt, ein Jahr später schloß das Augsburger Unternehmen für immer die Tore.

Eine Tochterfirma im österreichischen Wels behauptete sich länger und stieg 1939 in die Produktion des 22 PS Einheits-Bauernschleppers ein, aber auch dies ist eine andere Geschichte.

Epple & Buxbaum "Rollmops" Bild: W. Gebhardt

Fendt

Im Jahr 1928 hatte der Bauernsohn Hermann Fendt aus Markt Oberdorf im Allgäu in der Werkstatt des väterlichen Landwirtschaftsbetriebes seine erste selbstfahrende Mähmaschine fertiggestellt. Mit der harten Arbeit des Mähens und Heumachens war man hier innig verbunden und zeigte für jede Erleichterung durch Mechanisierung großes Interesse.

Natürlich diente auch Hermann Fendt ein Gespann-Grasmäher als Ausgangsbasis. Er motorisierte ihn mit einem Viertakt-Vergasermotor von Deutz – und blieb dieser Marke für lange Jahre verbunden. Das Aggregat vom Typ MA 711 leistete 4 PS und war schon durch seine Schwungräder, die für kräftigen Durchzug sorgten, erheblich besser geeig-

Das muß jenseits der Leistungsgrenze des "Rollmops" gewesen sein! Bild: W. Gebhardt

Fendts Erster: Benzin-Motormäher von 1928
Archiv-Bild AGCO GmbH

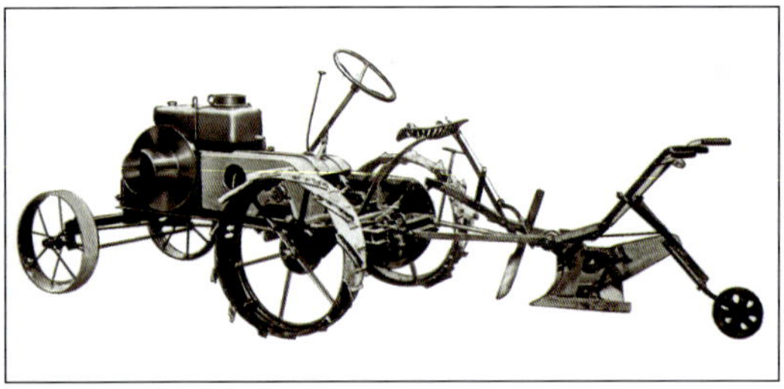

Das erste "Dieselroß": Fendt F 9 Archiv-Bild AGCO GmbH

net als die hochdrehenden Zweitakt-Motörchen, die zu diesem Zeitpunkt noch von den anderen Herstellern verwendet wurden.

Dieser erste Fendt-Motormäher zeichnete sich durch eine hohe Qualität des Grünfutterschnitts aus. Technische Unzulänglichkeiten wurden erkannt und zielstrebig abgestellt. Dabei spielte der praktische Einsatz eines der ersten fertiggestellten Exemplare auf einem benachbarten Bauernhof eine entscheidende Rolle: hier wurde der Wandel vom Grasmäher zum universell einsetzbaren Schlepper vollzogen. Eine der wichtigsten Verbesserungen stellte die Trennung von Fahrzeug- und Mähwerksantrieb dar. Außerdem erwies es sich als notwendig für den rauhen Betrieb als Zugmaschine, gußeiserne Teile durch solche aus Schmiedestahl zu ersetzen.

Der Motormäher blieb bei der benachbarten Familie Strobel bis zum Jahr 1936 im Einsatz, dann jedoch trat er in den verdienten Ruhestand und sein Besitzer als technischer Mitarbeiter in die Firma Fendt ein. In späterer Zeit konnte die Maschine für die firmeneigene Sammlung erworben werden.

1929 bauten die Fendt erstmals einen Deutz-Dieselmotor des Typs MAH 514, ein ZF-Getriebe (DKB 20) und eine Sachs-Kupplung in ihren Kleinschlepper ein. Klaus Herrmann zitiert in seiner Fendt-Chronik den prominenten Agrartechniker Prof. Rudolf Franke: "Die Fahrkupplung wurde vom Motor über den Kettenantrieb angetrieben. Von der Antriebswelle der Fahrkupplung ging der Antrieb weiter in das Schaltgetriebe, das wie das vom Motormäher drei Vorwärtsgänge ... und einen Rückwärtsgang besaß. Vom Schaltgetriebe wurde die Hinterachse über den Kettentrieb angetrieben. An der kugelgelagerten Hinterachse waren das Kettenrad und das rechte Antriebsrad fest mit der Hinterachswelle verbunden. Das linke Triebrad konnte durch die Bolzenkupplung mit der Hinterachswelle ge- oder entkuppelt werden."

Zunächst wurde das unentbehrliche Mähwerk vom Motor über einen Riemen angetrieben, was jedoch durch die Weitung des Riemens bei großer Feuchtigkeit problematisch war.

Die Lösung, die Vater und Sohn Fendt fanden, bestand in einem raffinierten Antriebsschema, bei dem die hölzerne Riemenscheibe des Mähantriebs fest mit der eisernen des linken Motorschwungrades zusammengepreßt wurde. So entstand quasi eine Friktionskupplung, die, über einen Hebel betätigt, den Mähantrieb im Fahren bewerkstelligte. Zum Freiarbeiten bei eventuellen Verstopfungen wurde der Schlepper angehalten.

Bald folgte ein aus einem Gespannpflug entwickelter, einschariger Beetpflug, bei dem eine Art von Dreieckslenker-Konstruktion die Einheit von Schlepper und Gerät herstellte und der mit deutlich reduzierter Handkraft ausgehoben werden konnte – ein weiterer Schritt zum universell einsetzbaren Bau-

In guten Sammlerhänden: F 9 bei Gilbert Kremer

Ein echter Bauernschlepper: der Fendt F 18

ernschlepper. Auch dieses Exemplar wurde über lange Zeit in der Werkstatt der Familie Fendt gewartet, immer wieder im Detail verbessert und dabei interessierten Landwirten vorgestellt.

Die nächste Maschine ging an eine Allgäuer Familie, die darauf bestand, einen Schlepper mit Eigennamen zu bekommen: das "Fendt-Dieselroß" war geboren.

Zwischen 1931 und 1933 wurden in handwerklicher Produktionsweise höchstens zwei Exemplare gebaut, von denen keines dem anderen aufs Haar glich. Das Jahr 1933 brachte schließlich den Durchbruch. Der familieneigene Landwirtschaftsbetrieb wurde aufgegeben, das gesamte Anwesen zur Fabrik für Dieselrösser umstrukturiert: eine Entwicklung, die Vater Johann Georg Fendt nicht mehr miterleben konnte, der unerwartet verstarb. Hermann Fendt setzte den eingeschlagenen Weg konsequent fort. Zusammen mit seinem Bruder stellte er die Weichen für eine industrielle Fertigung.

Von gar nicht zu überschätzender Bedeutung für das aufstrebende Unternehmen war die Tatsache, daß ein Jahr später, 1934, der als "Schlepper-Meyer" legendär gewordene Professor Helmut Meyer die

F 18 mit Mähwerk Archiv-Bild AGCo GmbH

Dieselrösser eingehenden Prüfungen unterzog. Vor Ort, auf mehreren süddeutschen Betrieben, beobachtete er sie bei der Arbeit, wertete die Erfahrungen ihrer Besitzer aus und entwickelte fruchtbare, konkrete Ideen zur technischen Verbesserung. So lesen wir beispielsweise bei Klaus Hermann: "Zur Erleichterung des Wendens kann das linke Triebrad ausgekuppelt werden. Infolgedessen ist die Wendigkeit nach links besser als die nach rechts. Bei Transporten auf ungünstigen Wegen macht sich der starre Antrieb beider Hinterräder günstig bemerkbar; sobald jedoch eine Kurve gefahren werden muß, schiebt die Maschine bei schwerem Zug oder die Zugfähigkeit ist durch diejenige des rechten Rades allein beschränkt, da der Antrieb des linken ausgeschaltet werden muß. Nach diesen Beobachtungen erscheint die Anbringung eines Differentials sehr wünschenswert".

Die Zeit der eisenbereiften, allein für Ackerarbeiten geeigneten Schlepper lief Mitte der dreißiger Jahre ab. Dem von den Firmen Continental in Hannover und Heinrich Lanz in Mannheim gemeinsam entwickelten Ackerluftreifen gehörte die Zukunft. Aber noch hatte er seine endgültige Bewährungsprobe nicht vollständig absolviert, vor allem in den kleineren Dimensionen, die für einen solchen Bauernschlepper benötigt wurden. Bei Fendt griff man zunächst nach einer Kompromißlösung. Die Dieselrösser erhielten Vollgummibereifung an allen vier Rädern, einige hintere Zwillings-, andere zusätzliche Greiferräder. "Schlepper-Meyer" empfahl für die künftige Ausrüstung der Fendt-Schlepper Luftbereifung der Dimension 6.00-16 vorn, 6.50-19 hinten. Er widmete dem "Dieselroß" weiterhin volle Aufmerksamkeit. Es ist durchaus berechtigt, zu sagen, daß er seine Weiterentwicklung entscheidend beeinflußte. Schon 1935 unterzog Meyer ein luftbereiftes Exemplar einer eingehenden Prüfung auf dem berühmten Schlepper-Prüffeld des RKTL in Potsdam-Bornim, dem Mekka des Schlepper-Prüfwesens in Deutschland.

Im gleichen Jahr konnte die Produktion auf 30 Einheiten gesteigert werden, die sämtlich mit dem 9 PS starken Deutz MAH 514 ausgerüstet waren. Helmut Meyer vermittelte dank seiner ausgezeichneten Kontakte zur Industrie die Zusammenarbeit mit der Berliner Getriebefabrik Prometheus, die ein selbstsperrendes Differential für Kleinschlepper entwickelt hatte, mit dem das Prinzip der Radausschaltung ersetzt werden konnte.

Seiner zielstrebigen und von klarem Ingenieurdenken geprägten Bornimer Arbeit war auch die Durchführung der berühmt gewordenen Kleinschlepper-Prüfung des "Reichsnähstandes" zu verdanken, die, obwohl ihre Ergebnisse nie publiziert wurden, das "Fendt-Dieselroß" als klaren Sieger sah.

1936 produzierte das Unternehmen insgesamt 100 Traktoren des Typs F 9, 191 Stück entfielen auf den etwas stärkeren F 12 mit dem Motor MAH 714 und identischem Getriebe. Ihre Arbeitsleistungen wurden wie folgt angegeben: Mähen bis zu zwei Morgen pro Stunde, je nach Boden sichere ein- oder zweischarige Pflugarbeit, Zugleistung "auf ebener, fester Straße" bis zu vier Tonnen. Das Leergewicht eines F 12 lag mittlerweile bei immerhin 1.200 kg. Je nach Ausstattung schwankten die Verkaufspreise zwischen 2.500 und 2800 RM.

1937, noch während die Kleinschlepper-Prüfung lief, erfolgte die Vorstellung eines Schleppers, der zwar seine Abstammung nicht verleugnete, der aber im Grunde eine Neukonstruktion war. Sämtliche Baugruppen und –teile waren abermals verstärkt worden, das ZF-Getriebe vom Typ K-30 besaß vier Vorwärtsgänge und einen Rückwärtsgang, der Deutz-Motor MAH 814/16 leistete 16 – 18 PS. Die inzwischen durchgesetzte Luftbereifung hatte die Dimension 5.00-16 bzw. 8.00-20, über den Hinterrädern gab es Kotflügel, der Mähbalken war länger und ermöglichte so eine größere Arbeitsbreite. Der Fendt F 18, so hieß der Neue, besaß eine komplette elektrische Anlage mit Batterie, Lichtmaschine und Scheinwerfern. Sein Leergewicht betrug 1.500 kg, er kostete 3.800 RM. Im Erscheinungsjahr wurden 210 Exemplare gebaut. So bescheiden diese Zahlen im Vergleich mit den "Kramer-Allesschaffern" auch sind: in Markt Oberdorf war man auf dem richtigen Weg und vor allem offen für technische Innovationen.

Deren bedeutendste dürfte die Entwicklung der ersten fahrunabhängigen und lastschaltbaren Zapfwelle, also einer Motorzapfwelle, bei einem deutschen Ackerschlepper sein. Hierzu zitiert Klaus Herrmann noch einmal Prof. Rudolf Franke: "Die Kettenspannrolle des Kettenantriebes war mit dem Außengehäuse einer fahrunabhängigen zweiten Konus-Reibkupplung fest verschraubt. Diese federbelastete Konus-Kupplung konnte über die Schaltung von einem Handschalthebel ein- und ausgekuppelt werden und beliebig lange ausgekuppelt laufen. Auf diese Weise war die am Schlepperheck etwas rechts außerhalb der Mitte angeordnete Zapfwelle fahrunabhängig unter Last schaltbar".

Damit war der Fendt F 18 für die stark aufkommenden Zapfwellengeräte, allen voran die Zapfwellen-Binder, bestens gerüstet. Der letzte Schritt vom Kleinschlepper für überwiegenden Einsatz auf Grünlandbetrieben zum vollwertigen Bauernschlepper war vollzogen.

Die bereits im Kramer-Kapitel dargestellten politischen Bedingungen in Gestalt des Typen-

Der letzte Fendt in Rahmenbauweise, der letzte mit Deutz-Motor: F 18 H von 1949 Bild: Walter Sack

Vereinheitlichungsprogramms führten auch bei Fendt zur Neukonstruktion eines rahmenlosen Schleppers in der 22 PS-Einheitsklasse, jedoch wurde die Produktion des F 18 nicht eingestellt.

Nach dem Ende des Zweiten Weltkrieges dauerte es bis zum Jahr 1949, ehe es, neben Ablegern dieses Modells F 22 bzw. des Holgas-Schleppers, zu einer Neuauflage des alten, bewährten Rahmenschleppers mit liegendem, verdampfungsgekühlten Motor kam.

Der Typ F 18 H zeichnete sich durch eine sehr gelungene, den Motor MAH 916 bis auf die Schwungräder vollständig abdeckende Motorhaube aus. Das Getriebe stammte wieder von ZF, es handelte sich um das Baumuster K-30 BO. Vom Beginn der Produktion des F 18 bis zur Einstellung des F 18 H betrug die Stückzahl insgesamt 3.212, darin sind 955 F 18 H enthalten.

Der Typ F 18 H war jedoch ein Übergangsmodell – für lange Zeit übrigens der letzte Fendt- Schlepper mit einem Deutz-Motor. Auch in Markt Oberdorf war die Zeit der in Blockbauweise gefertigten Traktoren endgültig angebrochen, deren Motoren während der nächsten dreißig Jahre ausnahmslos von MWM bezogen wurden. Allein in den Geräteträgern der Marke fanden sich wieder luftgekühlte Deutz-Aggregate.

Ein richtig schöner Schlepper: F 18 H in Sammlerhand
Archiv-Bild AGCO GmbH

Hela

Auch bei der 1888 in Aulendorf (Oberschwaben) gegründeten Landmaschinenfabrik von Hermann Lanz verlief der Weg zum Schlepperhersteller in der für süddeutsche Verhältnisse typischen Weise. 1929 wurde der erste selbstfahrende Grasmäher gebaut, der auf den Kraft verheißenden Namen "Samson" getauft wurde. Ob jedoch auch in seinem Fall eine umgebaute Anhänge-Mähmaschine der Ausgangspunkt war, scheint hingegen fraglich. Lesen wir, was der DLG-Katalog von 1931 über den "Hela-Samson" aussagt: "Motormähmaschine und Kleinschlepper Samson I. Einzylinder-Dieselmotor, 10 PS. Die Maschine kann als Motormäher und Schlepper benutzt werden. Sie wird auf Wunsch mit einem Ein- oder Zweizylinder-Diesel- oder Benzinmotor von 10 – 15 PS geliefert. ... Ein im Ölbad laufendes Differential ist vorgesehen. Der Motor ist quer zur Fahrtrichtung eingebaut. Dadurch ist es möglich, Arbeitsmaschinen ohne Verwendung von Winkelgetrieben unmittelbar anzutreiben. Die Räder sind mit vierfacher Gummibereifung versehen. Die Vorderachse ist dreifach gefedert. Die Triebräder sind mit zwölf 30 cm breiten Gummistollen ausgerüstet ... und weisen ferner zwölf Stahlgreifer auf, die in zwei Minuten in Arbeitsstellung gebracht werden können. Die Maschine kann daher sowohl auf der Straße als auch auf dem Acker ohne Auswechseln der Räder benutzt werden. Der leicht abnehmbare Mähapparat schaltet sich beim Auftreffen auf Hindernisse automatisch aus. Die Maschine hat drei Vorwärtsgänge von 2,5 bis 5 und 8 km und einen Rückwärtsgang. Als Schlepper leistet sie zwei Saatfurchen.

Hela "Samson I" von 1931 mit luftgekühltem Ilo-Zweitakter, 12 PS...

...oder "Samson II" mit wassergekühltem DKW-Zweizylinder, 14 PS

Preise und Gewichte:
mit Benzinmotor 12 oder 15 PS, etwa 1.500 kg, 3.500 RM;
mit Dieselmotor 10 PS, etwa 1.500 kg, 3.800 RM;
mit Dieselmotor 14 PS, etwa 1.750 kg, 4.500 RM."

Dazu notierte Prof. Gustav Fischer, der Nestor der deutschen Landtechnik, handschriftlich:

"... Stoßstange trifft auf Kuppelhebel, Messerantrieb mit Rutschkupplung. Nach dem selbsttätigen Ausrücken muß Ganghebel auf 0 gestellt sein und mit einem Hebel hinter Kupplung und Bremse freigegeben werden. Gut, aber sehr teuer, also nur als Schlepper und stationär auszunutzen. Soll auf 10 % Steigung 3 t ziehen."

Bei dem Dieselmotor handelte es sich auch hier um den vielfach bewährten Deutz MAH 514 mit 10 – 14 PS.

"Weshalb Samson?" fragte ein Prospekt und argumentierte folgendermaßen: " Der Mangel an Arbeitskräften, die Höhe der Löhne (es geht um Landarbeiter im Jahr 1931! d. Verf.) und Lasten und die Notwendigkeit, gesteigerte Leistungen bei geringen Unkosten anzustreben, zwingen den Landwirt, so viel wie möglich zur Maschinenarbeit überzugehen. Insbesondere ein Motormäher und Kleintraktor als Universalmaschine ist dazu berufen, dem Landwirt wertvolle Dienste zu leisten. ... (Der Samson I) macht zwei bis vier Pferde entbehrlich."

Alle Bestandteile der Maschine waren aus bestem Material wie Chromnickelstahl, Stahl- oder Temperguß, Stahl oder Schmiedeeisen gefertigt, Differential und Getriebe eigener Bauart liefen im Ölbad, die Vorderachse war gefedert, der elastische

Aber auch mit Deutz-Dieselmotor MAH 514 gab es den "Samson I"

Die profilierten Vollgummi-Hinterräder gab es auch für den Samson II

Hauptkettenantrieb nahm Stöße auf und schonte das Getriebe. Qualität hatte schon damals ihren Preis, wie Gustav Fischer klar erkannte. Die Aulendorfer Maschinen lagen deutlich über den Beträgen, die für einen Kramer oder Fendt bezahlt werden mußten.

Daneben wurde ein stärkerer Typ "Samson II" angeboten, jener jedoch ausdrücklich nur mit einem Zweizylinder-Zweitakt-Vergasermotor von Ilo (luftgekühlt, 14 PS) oder von DKW (wassergekühlt, ca. 15 – 20 PS) jeweils bei 2.500 U/min.

Auch der "Samson I" absolvierte die Kleinschlepper-Prüfung mit Erfolg, jedoch stand bereits ab 1936 ein völlig neu konzipierter Bauenschlepper, der wiederum "Samson II" hieß, in rahmenloser Blockbauweise mit dem Deutz-Motor F2M313 und ZF- oder Prometheus-Getriebe im Bauprogramm. Der "Schell-Plan" brachte auch hier ab 1938 den 22 PS-Einheitsschlepper. Nach 1945 entwickelte sich das Unternehmen zu einer beachtlichen Schlepperfabrik.

Wie groß die Stückzahlen der Ursprungsmodelle "Samson" gewesen sind, ist nicht mehr zu ermitteln. Sehr viele werden es nicht gewesen sein, davor waren Preise und Konkurrenz, und ein solcher Hela-Kleinschlepper gehört heute zu den Top-Raritäten.

Hagedorn

Wie die süd- und südwestdeutschen Regionen ist auch das westfälische Münsterland von Grünlandwirtschaften geprägt. Die Stadt Warendorf war und ist nicht allein eine weltberühmtes Pferde-Mekka, sondern war von 1902 bis in die siebziger Jahre des vorigen Jahrhunderts auch Sitz einer bedeutenden Landmaschinenfabrik, nämlich der Firma Gebr. Hagedorn & Co.

Auf der Kölner DLG-Ausstellung des Jahres 1930 präsentierte dieses Unternehmen eine Motor-Mähmaschine "Westfalia", die weitgehende Ähnlichkeit mit den frühen Ausführungen der Kramer-Modelle aufwies. Auch hier war ein ursprünglicher Gespann-Grasmäher mit einer einfachen Vorderkarre und Sitz versehen worden. Etwas besonderes stellte die Lenkung der Vorderräder dar: ein Spill mit Drahtseil war an die Stelle herkömmlicher Zahnrad- oder Schneckenlenkungen getreten.

Auch bei der Motorisierung scheute sich Georg Hagedorn nicht, eigene Wege zu gehen, indem er den Aufwand betrieb, einen eigenen Einzylinder-Zweitakt-Vergasermotor mit einem Hubraum von 440 cm^3 und einem als "Preßluftkühlung" bezeichneten Kühlsystem zu konstruieren. Das Getriebe verfügte über drei Vorwärtsgänge und einen Rückwärtsgang und war mit dem Differential kombiniert. Die Geschwindigkeiten betrugen 4, 6 und 8 bzw. 2 km/h.

Die Übertragung der Motorkraft auf den Antrieb erfolgte durch eine Reibungskupplung.

Es gab eine kombinierte Hand- und Fußbremse sowie eine Riemenscheibe, das Gewicht des Motormähers war mit 650 kg bemerkenswert niedrig. Als Kleinschlepper eingesetzt, sollte die Zugleistung "bis zu 40 Zentner auf Chausseen, bis zu 25 Zentner auf Landwegen" betragen.

Die Zughakenkraft war im Prospekt mit 200 – 450 kg angegeben. Die Mähleistung des mit einem 4,5'-Balkens ausgestatteten Mähwerks betrug 0,5 ha/h, als Sonderausrüstung gab es gegen Aufpreis

Hagedorn "Westfalia" mit Eigenbau-Zweitakt-Vergasermotor und Preßluftkühlung...

...oder mit größerem Hubraum und Verdampfungskühlung...

...und schließlich mit dem Deutz-Diesel MAH 514

eine komplette Handablage, die wohl vor allem dann unerläßlich war, wenn die Maschine auch zur Getreideernte eingesetzt werden sollte. Die Vorderräder des Hagedorn "Westfalia" waren landmaschinentypische Stahlspeichenräder, die hinteren Antriebsräder mit starken, aufgeschraubten Holzsporen profiliert. Der Preis war im DLG-Katalog mit 1.600 RM vermerkt.

Das RKTL berichtete in Heft 32 seiner Schriftenreihe (ohne Datierung) über den Einsatz zweier Hagedorn-Motormäher in Belgien, in der hügeligen Gegend von Verviers. Hier arbeitete einer der beiden auf einem 19 ha großen Grünlandbetrieb, dessen Parzellen von Hecken umgeben waren, wodurch die Mäharbeit erschwert wurde. Diese Maschine wurde auch zum Ziehen von Heuwender und –rechen sowie zum Transport der beladenen Heuwagen zum Hof eingesetzt und ersparte dem Betrieb zwei Pferde. Das RKTL ermittelte, daß die Arbeit am Hang bis zu 33 % Steigung möglich war!

Der Motor konnte auch mit einer Verdampfungskühlung versehen werden. Er war dann größer (560cm^3] und leistete bei 3.000 U/min 10 PS. Solcher Art motorisiert, kostete der "Westfalia" 1.575 RM, für diese Version war auch eine Bereifung der Hinterräder mit Auto- Luftreifen, der Vorderräder mit Vollgummi lieferbar bei einem Aufpreis von 215 RM. Das Leergewicht der Maschine betrug dann 740 kg.

Aber auch bei Hagedorn ging man bald zum verdampfungsgekühlten Kleindiesel von Deutz über. Das Aggregat aus der MAH-Baureihe leistete 10 PS bei 1.500 U/min., der Fahrzeugrahmen war verkürzt, das Gewicht stieg auf 840 kg an, der Preis auf 2.190 RM.

Mit diesem durchzugsstarken Motor, dessen Schwungräder einen Durchmesser von 500 mm aufwiesen, war der Hagedorn wesentlich angemessener motorisiert und stellte Leistungsreserven auch bei größeren Geländeschwierigkeiten zur Verfügung.

1937 schließlich stand auf der "Reichsnährstandsausstellung" (das war das, was die Nationalsozialisten aus der ehrwürdigen DLG gemacht hatten) der Hagedorn "Bauern-Universal-Schlepper". Sein Rahmen hatte nichts mehr mit der ehemaligen Anhänge-Mähmaschine gemeinsam, war aber noch immer äußerst einfach und dabei robust gehalten. Der Deutz-Motor MAH 514 (Bohrung 100, Hub 140 mm, 1.100 cm^3) leistete bei 1.250 U/min 8 PS.

Auf seinem rechten Schwungrad befand sich die Riemenscheibe, es gab ein Dreiganggetriebe und Kettenantrieb der Hinterräder, durch den Einbau eines größeren Kettenrades konnte die Geschwindigkeit im 3. Gang auf 15 km/h angehoben werden. Die kombinierte Hand- und Fußbremse wirkte auf beide Hinterräder. Serienmäßig waren Luftbereifung, Mähwerksantrieb, 4,5'-Messerbalken und elektrische Ausrüstung. In der Liste der Sonderausstattungen gegen Aufpreis standen Zapfwelle, Kreissäge und Einschar-Anbaupflug

Auf jegliche Verkleidung wie Kotflügel, Motorhaube u. ä. war verzichtet worden, das Leergewicht des Schleppers betrug 1.250 kg. Nach wie vor besaß der "Westfalia" die Drahtseillenkung, bei der ein straff gespanntes Seil die Funktion einer Spurstange übernahm.

Bis 1939 wurden von diesem Kleinschlepper über 1.000 Exemplare verkauft – ein Ergebnis, das die Berücksichtigung des Unternehmens als Schlepper-Hersteller im "Schell-Plan" zur Folge hatte.

Nach 1945 waren die Versuche, an diesem Erfolg mit der Produktion von Konfektionsschleppern in Blockbauweise anzuknüpfen, nicht erfolgreich. Hagedorn beschränkte sich bald wieder auf den Landmaschinen-Sektor. Im Mittelpunkt stand die Kartoffelernte-Technik bis hin zum weit bekannten Zapfwellen-Vollernter "Wisent". Das Unternehmen besteht heute jedoch nicht mehr.

1937 kam der ausgewachsene "Westfalia-Bauernschlepper" heraus

Irus

Ein weiterer Kleinschlepper eines auf dem Sektor der Motormäher bereits hervorgetretenen Herstellers muß noch vorgestellt werden, dem aber, obwohl durchaus vergleichbar und sicher nicht von minderer Qualität, aus nicht bekannten Gründen der Erfolg versagt blieb. Allerdings darf spekuliert werden: er war im Jahr 1938 wohl ein zu spät Gekommener.

Die Irus-Werke aus dem württembergischen Dusslingen hatten bisher "Einachs-Patent-Motor-

Für ihn gab es auch den stärkeren Motor MAH 516 mit 16 PS

Irus-Dieselschlepper, Modell DS

Auch er besaß den MAH 514

mäher" mit Benzinmotoren gebaut, die auch als Einachsschlepper Verwendung finden konnten. In jenem Jahr aber hieß es: "Stärker als Pferde ist der Irus-Diesel-Schlepper, Modell DS, mit 16 oder 18 PS-Dieselmotor." Dabei folgte man konstruktiv ganz klar den Vorbildern, vor allem dem Kramer und dem Fendt F 18; der Motor war auch hier wieder der Deutz MAH 814.

Der Profilrahmen war kräftig und solide ausgeführt, das Getriebe mit Kugelschaltung verfügte über vier Vorwärtsgänge und einen Rückwärtsgang (2,9 – 5,2 – 8,9 – 16 bzw. 2,5 km/h), das Differential besaß eine Sperre, der Hinterradantrieb erfolgte durch eine Kette. Es gab eine Zapfwelle, hintere Kotflügel und elektrische Beleuchtung, die Abmessungen lauteten:

Länge ca. 2.700, Breite 1.440, Radstand 1.800 mm. Die Vorderachse war pendelnd aufgehängt, die Bereifungsgröße 5.00- 16 vorn, 8.00 – 20 hinten. Wie alle Schlepper, die dieser Konzeption folgten, wies auch der Irus eine sehr günstige Schwerpunktlage (die auf Kosten der Bodenfreiheit ging) auf.

Zwei Anhängevorrichtungen waren vorhanden für Ackergeräte und Wagen, Mähnantrieb und -balken gehörten zur Serienausrüstung. In das Mähgetriebe war eine Lamellen-Rutschkupplung eingebaut, die beim Hochziehen des Messerbalkens den Mähantrieb selbsttätig ausschaltete, was auch bei stehender Maschine möglich war. Die Leistung pro Stunde betrug bei Gras 2–3, bei Getreide mit Handablage bis zu 4 Morgen, beim Pflügen mit dem Einscharpflug ca. 0,5 Morgen. Die Zugleistung des Irus wurde mit 250 Zentner, die max. Zughakenkraft mit 595 kg angegeben.

Sind Kramer-"Allesschaffer", Fendt-"Dieselroß", Hela-"Samson" und Hagedorn-"Westfalia" auch die bis heute bekanntesten Vertreter ihrer Art, so doch keinesfalls die einzigen. Im Gegenteil: weitere süddeutsche Landmaschinen-Werkstätten, Schmieden u. a. Handwerksbetriebe versuchten, mit ähnlichen Konstruktionen ein Stück vom Kuchen abzubekommen – die meisten ohne wirklichen Erfolg. Hierzu würden die nie veröffentlichten Ergebnisse der Kleinschlepperprüfung von 1937 sicherlich Interessantes bringen. Da nur wenig Informationen zur Verfügung stehen, müssen die folgenden Ausführungen kurz ausfallen. Selbst eine zuverlässige Chronologie ist kaum herstellbar.

Die Firma Schutzbach aus Möhringen (Baden) hatte lt. eines Berichts von A. Lerchenmüller in der führenden Fachzeitschrift "Die Technik in der Landwirtschaft" (TidL) 1932 drei verschiedene Modelle auf dem Markt. "Wenn auch der Schutzbach-Motorgrasmäher äußerst primitiv zusammengebaut ist, so erscheint die kleine Type dem Berichterstatter für die Praxis stabil genug und vor allem im Vergleich zu anderen Fabrikaten preiswert". Diese Maschine hatte einen schmiedeeisernen Rahmen, vier gleich große, gußeiserne Räder und einen luftgekühlten Ilo-Zweitakt-Vergasermotor, ein Getriebe mit drei Vorwärtsgängen und einem Rückwärtsgang, jedoch kein Differential. Durch Auskuppeln eines Hinterrades konnte eng gewendet werden, wobei nur die rechte Hinterradkupplung mit einem Pedal, die rechte mit einem Handhebel betätigt wurde, um den rechten Fuß des Fahrers jederzeit für die Fahrkupplung frei zu haben. Das Mähwerk wurde durch eine auf der Vorgelegewelle sitzende Klauenkupplung ein- und ausgerückt. Leider existiert von dieser Maschine keine Abbildung.

Die 1901 gegründete Landmaschinenfabrik Wilhelm Mayer in Neu-Ulm baute dem gleichen

Bericht zufolge ebenfalls "seit einigen Jahren zum Preis von 2.600 RM einen gummibereiften Motorgrasmäher. ... ein normaler gußeiserner Mähmaschinenrahmen ist mit zwei U-Eisen mit dem Vorderwagen so verbunden, daß sich der Vorderwagen allen Bodenunebenheiten anpassen kann. Die Fahrräder sind aus Schmiedeeisen und haben aufgepreßte Gummiringe. Auf dem Rahmen ist ein liegender Deutzer Viertakt-Benzinmotor befestigt. Vom Motor aus wird mittels Kette die Kraft auf eine Vorgelegewelle übertragen, auf der die Kupplung sitzt. Von dieser Welle aus wird eine weitere Vorgelegewelle mit offenen Stirnrädern angetrieben. Auf diesen beiden Wellen kann ein Vor- und Rückwärtsgang geschaltet werden". Soweit die TidL. Der Deutz-Vergasermotor entstammte der MA-Serie.

In seinem Jahrbuch "Der Schlepper im Rückblick", Jahrgang 2001, hat Kurt Häfner diesem, "Stahlpferd" genannten, Fahrzeug eine längere Darstellung gewidmet.

Schlüter und Sendling

Das einfache, aber zweckmäßige Bauprinzip: solider Rahmen, liegender Einzylindermotor mit Verdampfungskühlung, Hinterradantrieb durch Kette oder Riemen verlockte auch andere Motoren- oder Schlepperhersteller, Bauernschlepper nach diesem Schema zu entwickeln, auch wenn dabei nicht primär an die Funktion als Mähmaschine gedacht war bzw. es sich nicht um Ableitungen von solchen handelte.

Hier sind zu nennen: die damals schon sehr renommierten Motorenfabriken Anton Schlüter in München und der ebenfalls in der bayerischen Metropole beheimatete Konkurrent, die Motorenfabrik München-Sendling, O. Vollnhals KG.

Am 5. Juni des Jahres 1937 präsentierte Schlüter seinen ersten Schlepper, den Typ DZM 14. Auf dem stabilen Rahmen saß hier der Dieselmotor vom Typ DSL 14 (Bohrung 115, Hub 160 mm, Hubraum 1.662 cm^3), der 14 – 15 PS bei 1.250 U/min. leistete. Die Besonderheit der Schlüter-Motoren bestand in der sog. Schwenkkammer, einem besonderen Kaltstart-Verfahren, das es gestattet, den Vorkammermotor ohne Zündhilfsmittel wie Lunten o. ä. zu starten. Das Getriebe des Kleinschleppers (4 V/1 R) stammte von ZF, es handelte sich um die Ausführung K-30 D. Der Schlüter DZM 14 wog 1.500 kg, eine für alle Schlüter typische Besonderheit war das "automobilähnliche" Äußere mit Doppelsitzbank, Kotflügeln und Trittbrettern.

Interessanterweise wurde bereits zwei Monate später, im August 1937, der erste Schlüter-Schlepper mit dem Motor DSE 105 Z, also ein Zweizylinderaggregat, in der rahmenlosen Blockbauweise als Typ DZM 25 gebaut – also gab es hier eine parallele

Schlüters erster Schritt auf den Schleppermarkt: der Rahmenschlepper DZM 14 Bild: K. Tietgens

Sendling "Bauernschlepper" D 12 von 1938 Foto: W. Sack

Fertigung der Rahmenschlepper DZM 14 und des Modells in Blockbauweise, des DZM 25!

1937/38 wurden insgesamt nicht viel mehr als 120 Schlepper gebaut, davon entfielen nachweislich 33 auf das Modell mit liegendem Motor. Von 1939 bis 1941 hingegen fertigte Schlüter weitere 1.000 Exemplare des DZM 25 und des kleineren DZM 16 in der modernen Blockbauweise, bevor man auch hier zum Holzgas-Schlepper übergehen mußte.

Ein Jahr später stellte die Motorenfabrik Sendling den in gleicher Manier aufgebauten Kleinschlepper mit der Typenbezeichnung D 12 vor. Sein Motor (Bohrung 118, Hub 165 mm, Hubraum 1.800 cm³) leistete 12 PS. Er hatte einen Rollenkettenantrieb und wog ca. 1.200 kg.

Trotz des guten Rufs der Sendling-Motoren wurde dieser Versuch, ins Schleppergeschäft zu kommen, kein Erfolg – wie auch alle anderen des Münchener Unternehmens. Die schon mehrfach zitierte Kleinschlepper-Prüfung von 1937 mag ihren Anteil daran gehabt haben.

Deuliewag

Auch die kleine Berliner Firma Deuliewag ist zu nennen. Ihr Besitzer und Konstrukteur, Dr. Friedrich Wilhelm Jeroch, der bisher nur leichte Straßenzugmaschinen gebaut hatte, wählte für seinen ersten Ackerschlepper, den Typ DA 13, jedoch abweichend von allen anderen (mit Ausnahme des viel früheren "Rollmops") einen stehenden Motor. Dabei handelte es sich um den Gegenkolben-Zweitakt-Dieselmotor von Junkers. Der DA 13 war durch diese Motorenwahl gehandicapt: er fiel relativ hoch aus, hatte eine ungünstige Schwerpunktlage, der Motor war relativ schwer zu starten, vor allem bei niedrigen Tempe-

Deuliewag DA 13 mit dem hochbauenden Junkers-Gegenkolbenmotor

Er war der erste Deuliewag-Ackerschlepper

Zweiter Versuch mit Rahmenschlepper und Güldner-Motor: Deuliewag DA 20

raturen, und es gab weitere Unzulänglichkeiten, die bei der geringen Stückzahl der "Serie" nicht auszumerzen waren. Der Deuliewag wurde auf der "Reichsnährstandsausstellung" 1937 für "noch nicht genügend ausgereift" befunden und verschwand alsbald von der Bildfläche. Danach gab es bei der Berliner Marke noch zwei weitere derartige Rahmenschlepper mit den besser geeigneten Güldner-Verdampfermotoren, und zwar die Typen DA 18 und DA 20, die größere Stückzahlen erreichten, jedoch nach dem "Schell-Plan" ebenfalls nicht weiter produziert wurden.

Martin

Auch nach dem Zweiten Weltkrieg griffen zwei Hersteller das Konzept erneut auf, wobei es in einem Fall zu einer beispiellosen Erfolgsgeschichte kam.

Das kleine Maschinenbau-Unternehmen Otto Martin aus Ottobeuren im Allgäu (also in unmittelbarer Nachbarschaft zu Fendt), das schon 1938 eine kaum zu unterscheidende Parallel-Produktion zum Fendt F 22 aufgenommen hatte, ging im Jahr 1949 den umgekehrten Weg und brachte einen leichten Rahmenschlepper mit Kettenantrieb auf den Markt.

Der Martin S 11 hatte den Deutz-Motor MAH 914 (100 x 140 mm, 1.100 cm^3, 10–11 PS bei 1.500 U/min) und ein Vierganggetriebe von ZA (2,7 – 5 –8 – 15; R 2,5 km/h).

Als Bauernschlepper verfügte er serienmäßig über elektrische Anlage, Riemenscheibe und 4,5'-Mähbalken mit Rutschkupplung. Das Gewicht des Schleppers betrug etwa 1.270 kg, die maximale Anhängelast sechs Tonnen.

Martin hatte mit dieser Maschine keinen Erfolg, nach einem Jahr wurde die Produktion nach nur 17 Exemplaren eingestellt.

Allgaier

Die angekündigte Erfolgsgeschichte heißt Allgaier. Erwin Allgaiers 1906 als Werkzeugfabrik gegründetes Unternehmen kam erst nach dem Krieg zum Bau von Ackerschleppern, einem Produktionsbereich, der ursprünglich nicht ins Auge gefaßt war. Als Rüstungsbetrieb eingestuft, war dies jedoch der einzig mögliche Weg, überhaupt wieder produzieren zu können.

Durch familiäre Beziehungen zu der legendären schwäbischen Motorenschmiede Kaelble stand ein liegender, verdampfungsgekühlter Einzylinder-Dieselmotor (125 x 150 mm, 1.800 cm^3) zur Verfügung, der nach dem Wälzkammerverfahren arbeitete und bei 1.600 U/min 18 – 20 PS entwickelte: mit seiner bärigen Kraft das ideale Antriebsaggegrat für einen

1949 erschien der erfolglose Martin S 11 mit Deutz-Motor MAH 914

Bauernschlepper, der gleich gut für Grünland und Acker geeignet sein sollte. Dieser Motor war im Unterschied zu den bisher vorgestellten Schleppern nicht auf einen aus Profileisen zusammengesetzten Rahmen befestigt, sondern auf einer gepreßten Plattform aus Stahl. Auf der linkten Seite des Wasserkastens befand sich der markante Schriftzug "Kaelble".

Die Übertragung der Motorkraft erfolgte durch drei nachzuspannende Keilriemen auf das bei Allgaier entwickelte und auch gebaute Getriebe 4 V/ 1 R). Die Motorkraft wurde durch eine Fichtel & Sachs-Einscheibenkupplung auf die erste Getriebewelle übertragen. Getriebe, Sperrdifferential, Mäh- und Zapfwellenantrieb waren in einem gemeinsamen Gehäuse untergebracht. Der R 18 wog 1.675 kg, seine maximale Zughakenkraft im 1. Gang wurde mit 900 kg ermittelt.

Im Mai 1947 verließ der erste Allgaier-Schlepper vom Typ R 18 das Werk im württembergischen Uhingen, bis Jahresende waren es immerhin 20 Stück geworden, und bis zur Einstellung der Produktion im Jahr 1954 waren 20.000 Exemplare geworden! Die bewußt einfach gehaltene, äußerst robuste Bauweise trug den Ruf des Schleppers weit über sein Ursprungsland hinaus. 1949 wurde die Motorleistung mit 22 PS angegeben, die Typenbezeichnung lautete nun R 22. Die Hinterradbereifung war größer geworden, auf eine Motorhaube wurde aus Kostengründen ganz verzichtet. Deutliches äußeres Erkennungsmerkmal war der gerundete Wasserkasten, der die eckige Ausführung des Vorgängermodells ersetzte. Die monatliche Produktion betrug 250 Stück, verkauft zum Preis von 5.695 DM. Zum Vergleich: ein 25-PS-Bulldog von Lanz kostete zu diesem Zeitpunkt 8.800 DM! Unter rund sechzig Firmen, die damals in der Bundesrepublik Schlepper produzierten, erreichte Allgaier den vierten Platz in den Zulassungszahlen.

1950 erfolgte eine Weiterentwicklung zum Typ A 22 (mit formschöner, dreieiliger Motorhaube, die den Dampfdom nach oben heraussehen ließ und, auf Wunsch, elektrischem Anlasser). Er wurde, letzte Stufe der Weiterentwicklung, im Frühjahr 1952 durch den A 24 mit Kondensationskühlung ersetzt, dessen auf 130 mm aufgebohrter Motor nun 24 PS leistete.

In seinem in Längsrichtung eingebauten Lamellenkühler, der den großen Wasserkasten ersetzte, wurde der Wasserdampf abgekühlt. Der Kühler war mit dem Kühlwasserraum verbunden, der Kühlvorgang durch einen keilriemengetriebenen Lüfter unterstützt. Obwohl ein geschlossenes System, handelte es sich also noch immer um eine Verdampfungskühlung.

Äußerlich auf den ersten Blick vom A 22 zu unterscheiden ist der A 24 durch seine an der Oberseite durchgehende, glatte Motorhaube, die seitlich Luftein- und -austrittsöffnungen aufweist.

Nachdem der Absatz dieser Schlepper dann Mitte der fünfziger Jahre doch deutlich zurückging, setzte Allgaier die Schlepperfertigung mit einer erneuten Erfolgsstory fort, als der luftgekühlte, auf der Konstruktion von Prof. Ferdinand Porsche beruhende Typ AP 17 in rahmenloser Blockbauweise ins Programm genommen wurde – aber auch dies ist wiederum eine andere Geschichte.

Mit ziemlicher Sicherheit konnten hier nicht sämtliche Vertreter dieser Schleppergattung erfaßt werden. Da wären beispielsweise noch die Namen Brummer aus Thüringen, Sülchgau oder Schottel aus Württemberg zu nennen, und auch damit wäre wohl noch keine Vollständigkeit erreicht. Zu gering sind jedoch die Informationen über diese Exoten, als daß sie hier mehr als namentliche Erwähnung finden konnten. Sie alle haben ihren Beitrag zur Motorisierung der Landwirtschaft und damit zur Entlastung von Mensch und Tier geleistet, und einige von ihnen haben legendären Ruf erlangt. Aus der Oldtimerszene von heute sind sie nicht wegzudenken und wieder das, was sie zum Zeitpunkt ihrer Entstehung waren: eine echte Bereicherung.

Allgaier R 18, ca. 1948

R 18 mit angebauter Kreissäge

Weiterentwickelt zum R 22

1950 folgte der Typ A 22

Der letzte Allgaier-Rahmenschlepper, der A 24, hatte eine Kondensationskühlung

Firma ERO-Gerätebau GmbH

Hightech und Perfektion im Weinbau

von Werner Kuhn

So fing es an

Anfang der sechziger Jahre bewirtschaftete der Landwirt Heinz Erbach den von den Eltern übernommenen landwirtschaftlichen Betrieb in Niederkumbd (Kreis Simmern). Seine Lebensphilosofie war und ist heute noch: „Den Existenzkampf in der Landwirtschaft durch sinnvollen Einsatz von Geräten und Entwicklung von Fertigkeiten zu gewinnen." Deshalb sann der gelernte Landwirt und Schlosser bei seiner Arbeit auf dem Hof und Feld schon immer darüber nach, wie er die Geräte des täglichen Gebrauchs verbessern kann. Gleichsam gab es von Anfang an in seinem Anwesen im Keller eine „Bosselstube", wo er, immer wenn es ihm die Zeit erlaubte, an verschiedenen Geräten und Einrichtungen herumtüftelte. So wurde das Hobby „Technik" schnell zur Methode.

Heute wird der Familienbetrieb in Zusammenarbeit mit dem Gründerehepaar und der zweiten Generation geführt. Die Leitung obliegt dem Geschäftsführer Michael Erbach. Fünf Ingenieure und ein Techniker sorgen zusammen mit den Meistern und den ausgebildeten Facharbeitern (insgesamt 70 Mitarbeiter) dafür, dass die Kunden weiter mit der vielfältigen Produktpalette zufrieden sind und ERO mit den Neuentwicklungen für den Bereich Weinbau weiterhin führend bleibt. Mit steigendem Umsatz von 1,5 Mill. Euro im Jahr 1993 auf etwa 8 Mill. Euro im Jahr 2000 honorieren die Kunden die hohen Investitionen der Firma. Seit 1989 wurde ERO für ihre Neuentwicklungen auf der im dreijährigen Turnus stattfindenden Internationalen Weinbauausstellung Intervitis 13 mal mit Intervitis Infructa-Plaketten ausgezeichnet und war somit oft erfolgreichster Aussteller im nationalen und internationalen Vergleich.

Die ersten Produkte von H. Erbach waren 1965 Stalleinrichtungen in vielen Variationen. Hier einige Beispiele: Durch den Einbau von Kettenanbindungen mit integrierten Wasser- und Vakuumsleitungen für Bullen und Kühe in Stallungen konnten aufwendige und teure Installationskosten gespart werden. Durch oben und unten verstellbare Kettenbefestigungen hatte man stets saubere Tiere. Gusseiserne oder feuerverzinkte Stahlroste für die Schwemmentmistung waren ein weiteres Highlight. Troggitter für die Rinder- und Schweinemast erweiterten das Angebotssortiment. Aber auch kleinere Geräte, wie der „Wasserbesen" (ein Nylonbesen mit Schlauchanschluss) zur Reinigung der Gitterroste waren in der Produkt-

Das Gründerehepaar Edda und Heinz Erbach mit der Mannschaft (1990)

Die junge Generation führt die Firma heute, Frau Weirich (Schwester) und Michael Erbach (2002)

Erbach Stalleinrichtungen auf einer Landwirtschafts-Ausstellung (1966)

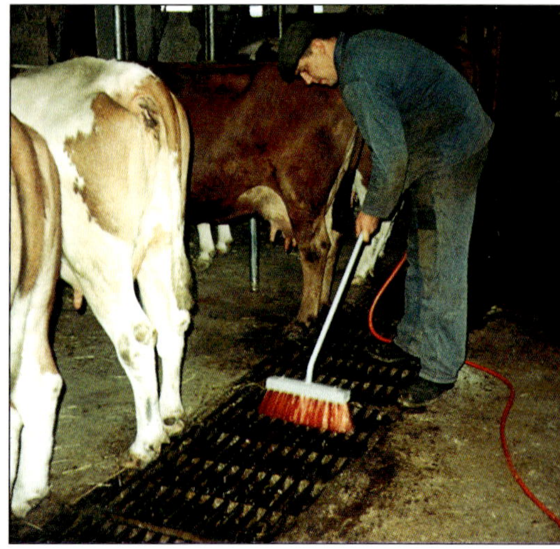

Beispiel für praktische Anwendungen, der Wasserbesen (1966)

palette. So entstand aus dem Landwirtschaftsbetrieb bald eine technische Werkstatt. Viele Bauern, nicht nur aus dem Hunsrücker Kreis, kauften nun in Niederkumbd ihre Stalleinrichtungen.

ERO-Laubschneider

Doch die Zukunftsperspektiven der Viehwirtschaft versprachen gegen Ende der sechziger Jahre keine langfristigen Wachstumschancen. Deshalb dachte der Jungunternehmer über Alternativen für das Fortbestehen seines Betriebs nach. Dieses Umdenken kam seinem Schwager Ing. Grad. Herbert Roth gerade recht. Der war nämlich Winzer und stets auf der Suche nach geeigneten Geräten zur Bewirtschaftung von Weinbergen. Die Perspektiven des Zweiergespanns ERbach/ROth (künftiger Firmenname ERO) waren in dreierlei Hinsicht sehr gut: Erstens gab es im Weinbau noch eine Menge Arbeiten, deren Mechanisierung sich lohnte. Zweitens konnte Erbach reichlich Produktionskapazitäten für den Bau künftiger Weinbaugeräte bereitstellen und drittens konnten die Visionen vom Prototyp bis zur Produktreife in der Praxis, im Weingut Alfred Müller Osthofen, dem Arbeitsplatz von Herbert Roth, gründlich getestet werden.

Die beiden angehenden Pioniere der Mechanisierung im Weinbau brauchten nicht lange, um ein Thema zu finden, wo eine aufwendige Handarbeit sich durch eine Maschine zeitsparend automatisieren ließe. Es handelte sich um das Zurückschneiden von Trieben und Laub der Weinstöcke. Diese Arbeit wurde bisher mit dem „Sesel" (Krummmesser) von Juni bis September mehrmals im Weinberg durchgeführt. Die künftige Schneidemaschine sollte also in der Lage sein, in einem Arbeitsgang seitlich (vertikal) und etwa zwei Meter über dem Boden (horizontal) den Laubschnitt vorzunehmen. Darüber hinaus musste sie individuell in Breite und Höhe auf jede Kulturform ohne Aufwand einstellbar sein. Die beiden Erfinder entwickelten nun eine Art Kreiselmäher, der im ersten Schritt seitlich am Schmalspur-Traktor angebaut und durch einen Hydromotor angetrieben wurde. Für den

Herbert Roth mit dem ersten ERO-Laubschneider (1969)

notwendigen Öldruck sorgte die Hydraulikpumpe mit Öl aus dem Hydraulikkreislauf. Die horizontale und vertikale Anpassung erfolgte mechanisch. Der ERO-Laubschneider, der in ein- bzw. zweiseitiger Ausführung seine Testphase erfolgreich bestanden hatte, machte von nun an im Weinbau Furore und in kürzester Zeit waren über hundert Stück verkauft. Bis 2002 verließen mehr als 10 000 in ständig verbesserten Versionen das Unternehmen.

Da diese Art von Zurückschneiden von Pflanzentrieben nicht nur im Weinbau anzuwenden war, konstruierte Erbach einen „Heckenkreisel" für Kommunal- und Straßenbaubetriebe. Dieses Gerät konnte z.B. an einem Unimog bzw. Standardschlepper angebaut werden.

ERO-Kreisel als Frontanbau an einer Blankraupe (1970)

Manuelles Zurückschneiden der Triebe des Weinstockes

Heute ist die Entwicklung der ERO-Laubschneider soweit fortgeschritten, dass außer dem Anbau an den Schlepper keine mechanischen Anpassungen mehr notwendig sind. Horizontale und vertikale Einstellungen werden hydraulisch vorgenommen. Für die Betriebssicherheit sind die senkrechten und waagerechten Schneidewerke so konstruiert, dass sie bei einem Hindernis nach hinten ausweichen können und anschließend wieder in ihre Arbeitsstellung selbständig zurückkehren. Damit ist eine Beschädigung des Gerätes ausgeschlossen. Neben dem Laubkreisel, der nach dem Prinzip des Freischnittes arbeitet, baute ERO noch einen Messerbalkenlaubschneider. Hier arbeiten zwei gegenläufige, überlange Schneideklingen nach dem Scherenschnittverfahren. Gegenüber dem Einfachschneidewerk sind die Messerhübe hier nur halb so hoch und man erreicht, auch bei stärkerem Laubwuchs, noch eine akzeptable Arbeitsgeschwindigkeit. Der Nachteil gegenüber dem Kreiselmäher liegt darin, dass beim Messerbalkenlaubschneider bei dickem Laub die Gefahr des Verstopfens besteht.

Eine besondere Schwierigkeit im Weinbau stellt die maschinelle Bearbeitung in spitz zulaufenden Zeilen dar. Auch daran haben die findigen Köpfe bei ERO gedacht. Hierzu entwickelten sie eine Z-Kinematik,

Heckenschneider zum Freischneiden von Straßen, Bahnlinien oder Plätzen auch in größere Höhe (etwa 1975)

Kreisel-Laubschneider zum Bearbeiten einer Zeile (1982)

die es ermöglicht, die rechte Geräteseite unabhängig von der linken Seite anzusteuern. Dabei kann ohne Unterbrechung weitergearbeitet werden. Die Seitenneigung mit einer zusätzlichen Winkelverstellung am Kopfteil gewährleistet, dass der Laubschneider immer in der Senkrechten hängt.

Das Arbeiten mit solchen komplexen Anbaugeräten erfordert vom Fahrer zu jeder Zeit äußerste Konzentration, da er die Gerätestellung ständig überwachen und gegebenenfalls korrigieren muss. Mittels einer neu entwickelten Zeilensteuerung kann nun der Schlepperfahrer entlastet werden. Diese Zeilensteuerung wird in drei verschiedenen Ausbaustufen angeboten: In der einfachen Version, mit zwei Sensoren, wird der obere Rankdraht erfasst und der Laubschneider über ein Steuermodul und einen waagerechten Hydraulikzylinder entlang des Drahtes geführt. Dabei kann über ein Potentiometer ein Versatz gegenüber der Drahtlinie vorgegeben werden. In der

Messerbalken-Laubschneider (1980)

ERO-Laubschneider in doppelter Ausführung für vertikalen und horizontalen Schnitt in zwei Zeilen (2001)

zweiten Ausbaustufe kann über ein Potentiometer der exakte Abstand zum oberen Draht vorher eingestellt werden. Bei der dritten Ausbaustufe erlauben zwei weitere, auf Höhe des Biegedrahtes angebrachte Sensoren auch die Winkellage des Gerätes zu steuern.

Diese ERO-Zeilensteuerung wurde mit dem Innovationspreis der Intervitis Interfructa 2001 in Gold ausgezeichnet.

ERO-Laubhefter, -Abflammgerät, -Laubsauger, -Rebenvorschneider, -Pfahlramme, -Tiefenlockerer

ERO-Laubhefter

Eine weitere bisher zeitaufwendige manuelle Arbeit ist das „Aufbinden" der Triebe vor dem Laubschneiden. Dies ist notwendig, um das Wachstum der Weinstöcke zu gewährleisten, bei Stürmen das Abbrechen der Triebe zu verhindern und für das kommende Jahr gesunde und ausreichend lange Bogenreben bereitzustellen. Mit einer genialen Erfindung, dem ERO-Laubhefter, entwickelten Erbach und Roth das erste Gerät weltweit, das diese Arbeit voll automatisiert. Zwei schräg montierte, durch Elektromotor angetriebene Schneckenwalzen bringen die Triebe in eine senkrechte Position. Gleichzeitig werden diese mit zwei Kunststoffschnüren in dieser Position gehalten. Dafür werden die Schnüre in beliebigen Abständen vollautomatisch durch Klammern miteinander verbunden. Die Klammerung ist wichtig, da sie erst der Laubwand die nötige Stabilität gibt und ein Herausrutschen der Triebe verhindert. Der Laubhefter wird in der Regel zweimal in der Vegetationszeit eingesetzt. Das erste Heften erfolgt im Mai, wenn die Triebe ungefähr eine Länge von 340 bis 350 mm erreicht haben. Dabei wird eine doppelte Heftschnur zwischen dem obersten Biegedraht und dem untersten Stützdraht gezogen, so dass dann die Triebe zwischen der Doppelschnur stehen. Die Klammerung erfolgt alle zwei bis drei Meter. Beim zweiten Heften im Juni werden die Rebtriebe nochmals hochgezogen und eine doppelte Heftschnur zwischen oberen und unteren Stützdraht gezogen. Auch hier wird wieder geklammert. Die Rebtriebe stehen beim Einsatz des Laubhefters besser im Drahtrahmen als bei manueller Handarbeit. Der ERO-Laubhefter kann als Einzelgerät oder als kostensparendes Zusatzgerät zum ERO-Laubschneider, ERO-Abflammgerät oder zur ERO-Pfahlramme geliefert werden. Alle Frontanbaugeräte haben den gleichen Grundrahmen und die Arbeitseinheiten können leicht und schnell gegeneinander ausgetauscht werden. Dabei erleichtert eine Fangvorrichtung (ERO-Trapez) das schnelle An- und Abhängen des Hubrahmens, auch bei Verwendung der Abstellvorrichtung.

ERO-Laubhelfer passend an alle Schmalspur-Traktoren (1980)

ERO-Laubhefter im Einsatz beim Klammern der Halteschnüre

Rebenvorschneider System KH

Der Rebschnitt, bei dem die Weinstöcke am Anfang des Jahres bis auf ein oder zwei Reben zurückgeschnitten werden, gehört zu den Arbeiten, die ausschließlich noch von Hand erledigt werden müssen. Der Arbeitsaufwand beträgt derzeit, trotz Einsatz von pneumatischen bzw. elektrischen Scheren, noch 70 bis 100 Arbeitsstunden (Akh) je Hektar. Davon ent-

ERO-Rebenvorschneider im praktischen Einsatz

fallen 40 bis 60 Akh auf das Ausheben (Herausziehen überflüssiger Triebe aus dem Rankdrahtbereich). Durch den von ERO in Zusammenarbeit mit einem Winzer und der Landes-Lehr- und Versuchsanstalt Bad Kreuznach entwickelten Rebenvorschneider System KH ist es gelungen, diese Arbeiten zu mechanisieren. Hierbei trennt das Gerät die Triebe mit dem horizontalen Schneidewerk und entrankt sie gleichzeitig mit Hilfe eines ausgeklügelten Stabsystems. Wenn der Winzer vorher schon manuell die zukünftigen Bogereben „angeschnitten" und in den unteren Drahtbereich eingesteckt hat, säubert der maschinelle Vorschneider den übrigen Drahtbereich. Dabei wird, bei gut rankenden Rebsorten, eine Zeitersparnis von 16 bis 30 Akh je Hektar erreicht.

ERO-Pfahlramme im praktischen Einsatz

ERO-Pfahlramme

Weinberge baut man seit Beginn der Mechanisierung im Weinbau in Zeilenform an. Dabei werden die Weinstöcke in einem Drahtsystem gezogen. Zur Stabilisierung der Zeilen werden Pfähle aus Holz, Kunststoff oder Eisen verwendet. Mühsam rammte man bisher diese Pfähle in die Erde. Dazu bietet die ERO-Pfahlramme eine echte Arbeitserleichterung. Hierzu bringt ein Mitarbeiter den Pfahl an seinen vorgesehenen Platz und stülpt die Pfahlramme über den Pfahlkopf. Danach werden zwei exzentrisch angeordnete Gewichte im Innern des Gerätes in Bewegung gesetzt, die den Pfahl mit kleinen Schlägen in den Boden treiben. Da die Pfahlramme am Grundrahmen aufgehängt wird, ist selbst bei unwegsamen Gelände ein senkrechter Stand gewährleistet. Das Gerät kann auch zur Einfriedung von Weide- und Gartenzäunen verwendet werden.

ERO-Abflammgerät

Das Abflammgerät diente zum teilweisen Entblättern der Rebstöcke vor der Lese. Dabei wurden die Blätter in der Traubenzone drei bis vier Tage vor der Weinlese mit einer Gasflamme aus Propangasbrennern behandelt. Die Wachsbeschichtung auf den Blättern

ERO-Abflammgerät (etwa 1975)

schmilzt und der natürliche Verdunstungsschutz geht verloren. Die Blätter trocknen nun sehr schnell aus und fallen ab. Die Trauben hängen nun frei sichtbar da. Der Kosten-/Nutzeneffekt beträgt je Hekta etwa 50 Euro für Propangas zu 25 Prozent Arbeitszeiteinsparung bei der Lese. Durch zunehmenden Einsatz des Traubenvollernters sowie der Entwicklung des Laubssaugers wurde dieses Verfahren nicht lange angewandt und die Geräte nur von 1975 bis 1980 produziert.

ERO-Laubsauger

Eine Weiterentwicklung des Gasabflammgerätes ist der ERO-Laubsauger. Er dient der Entblätterung der Traubenzonen während der Reifezeit. Die damit geschaffene Zone lässt höhere Sonnenbestrahlung der Trauben zu und fördert somit den Reifeprozess sowie eine vermehrte Ausbildung der Aromastoffe in den Beeren. Gleichzeitig ist eine Reduktion von Pilz- und Fäulnisbefall zu verzeichnen. Ein starkes Axialsauggebläse in Verbindung mit der strömungsgünstigen Edelstahlgehäuseform sorgt für optimale Saugbedingungen im gesamten Arbeitsbereich. Eine extrem lange Pendelführung gewährleistet ein mühelos und sehr genaues Fahren entlang der Laubwand.

ERO-Tiefenlockerer

Die zunehmende Mechanisierung im Weinbau hat dazu geführt, dass selbst bei dauerbegrünten Kulturen eine verstärkte Bodenverdichtung erkennbar wird. Der von ERO entwickelte Tiefenlockerer wirkt diesem Problem bis in eine Tiefe von 50 Zentimetern entgegen.

Die Lockerung des Bodens erfolgt mittels zweier, gegenläufig gebogener, 700 mm langer Zinken. Eine nachlaufende Walze sorgt für die Rückverfestigung, so dass auch in begrünten Anlagen die Bodenlockerung keine langfristigen Spuren in der Oberfläche hinterlässt. Für den gewünschten Einsatzzweck lassen sich die Zinken auf ganz einfache Art umbauen:

Zum Lockern der Zeilenmitte, die insbesondere durch den Traubenvollernter bei der Lese stark beansprucht wird, ordnet man die beiden Zinken am Gerät mittig, hintereinander an. Durch Veränderung des Zinkenabstandes lässt sich die Arbeitsbreite des Gerätes variieren, damit auch Verdichtungen in Zeilennähe, wie sie von Schmalspur-Traktoren verursacht werden, zu beheben sind. Zur Rodung von Altanlagen werden die Spitzen zueinander angebracht. Somit ergibt sich hier eine U-förmige Anordnung.

ERO-Laubsauger als Frontanbaugerät (1999)

Die seitliche Ausladung der Zinken liegt bei 200 mm. Der Zinkenabstand ist bis auf 750 mm erweiterbar. Die Leistung des Schmalspurschleppers sollte mindestens 36 kW (50 PS) betragen. Je nach Motorstärke kann mit einer Arbeitsgeschwindigkeit bis 9 km/h gefahren werden.

ERO-Tiefenlockerer

ERO-Multifunktionales Gerät

ERO-Kombigerät

Mit diesem vielfältig einsetzbaren Gerät haben die findigen Köpfe den Winzern ein hervorragendes Hilfsmittel für die Pflege der Weinbergskulturen geschaffen. Mittels Einsatz der Schlepperhydraulik kann der Drahtrahmen durch Ein- bzw. Ausdrehen der Endanker nachgespannt werden. Darüber hinaus ermöglicht es das Bohren von Löchern für Pflanzgut und Pfähle. Mit Hilfe der Handschaltung ist ein Drehrichtungswechsel möglich, wodurch der Bohrer oder der Endanker mühelos sowohl ein- als auch ausgedreht werden kann. Eine hydraulische Sicherheitsschaltung über ein Sicherheitsventil garantiert in Verbindung mit der schnell reagierenden elektrischen Zweihandschaltung maximalen Schutz des Benutzers. Das Gerät erlaubt Bohrungen bis 240 mm Durchmesser.

ERO-Traubenvollernter-Selbstfahrer

In den Weinanbaugebieten Deutschlands war die Weinlese schon immer etwas Besonderes. Ja, sie war sowohl für Winzer als auch die Helfer der traditionelle Höhepunkt des Jahres. So reisten zur Ernte oft Verwandte und Freunde, aber auch Tagelöhner an, um bei der Traubenernte zu helfen. Abends, nachdem die Bütten (Behälter) geleert und die Werkzeuge gereinigt waren, wurden Hunger und Durst mit deftiger Hausmannskost und einem kräftigen Schluck Wein gestillt. Während die Männer anschließend wieder an die Arbeit gingen, um die Trauben zu pressen und den Rebensaft in den Fässer zu lagern, richtete die Bäuerin das Essen und alles was am nächsten Tag wieder gebraucht wurde vor. Denn am nächsten Tag ging es ja wieder zeitig in die Weinberge. Während dessen saßen die Omas, Tanten und Enkel in der Stube und unterhielten sich angeregt. Neuigkeiten wurden ausgetauscht, Geschichten erzählt und auch über Rückenschmerzen gejammert, die durch die ungewohnt gebückte Haltung beim Abschneiden der Trauben unumgänglich waren. Burschen zogen durch die Dörfer, um vor allem die zahlreichen jungen Helferinnen kennen zu lernen oder wieder zu sehen. Die Stimmung war gut und die Abende trotz der Müdigkeit oft lang. Im Zeitalter der Mechanisierung der Arbeiten im Weinberg haben vielerorts nüchterne Vorgänge die Vespermahlzeiten und die anschließende Plauderrunde verdrängt. Weck, Wurst und Wein sind Ölwechsel, Abschmieren und Reparaturen der Maschinen gewichen. Das gemütliche Zusammensein bei trübem Licht in der Stube wurde mit emsigem Treiben bei Neonlicht in der Scheune oder Garage getauscht. Auch die Gesprächsinhalte haben sich geändert, indem man heute über die Haltbarkeit der Riemen, Wellen und Förderbänder diskutiert. Spätestens jetzt stellt man fest, dass sich die maschinelle Weinlese zunehmend durchgesetzt hat. Traubenerntemaschinen lassen sich in zwei Gruppen unterteilen. Die eine Art wird von einem kräftigen Schmalspur-Traktor durch die Zeilen gezogen; während die andere Art einen eigenen Antrieb hat.

Als man bereits in den fünfziger Jahren in Amerika und der ehemaligen Sowjetunion mit Traubenerntemaschinen durchaus befriedigende Ergebnisse erzielte, glaubten die europäischen Fachleute noch nicht an eine Anwendung in den heimischen Anbaugebieten. Doch sie wurden eines Besseren belehrt. Bereits 1977 konnte ein in Frankreich gebauter Traubenvollernter in Deutschland bei einer Vorführung durch seine gute Leistung überzeugen. Er erntete in nur sechs Stunden ein Hektar Rebfläche mit einem Fahrer ab, wo früher 40 bis 50 Arbeitskräfte notwendig gewesen wären.

Doch nicht nur in Frankreich, sondern auch in Siebeldingen (Kreis Südliche Weinstraße) beschäftigte ab 1970 Winzer dieses Thema, wie Herbert Roth. Langsam reifte die fixe Idee zu einer konkreten Vorstellung. Er hatte das Glück, dass er wie bisher seine Gedanken und Pläne mit seinem Schwager Heinz Erbach besprechen konnte. Beide setzten dann ihre

ERO-Traubenvollernter

Vorstellungen in die Realität um. Die Verkaufsaussichten waren erfolgversprechend; denn gerade in einem führenden Weinanbaugebiet mit anspruchsvollstem Maschinenbau wie Deutschland war zu diesem Zeitpunkt kein einziger selbstfahrender Vollernter auf dem Markt zu haben. Dazu kam noch, dass die hiesigen Weinanbaugebiete sich überwiegend für den maschinellen Einsatz eigneten. Bereits 1979 wurde das Patent für den ersten ERO-Traubenvollernter eingereicht. Doch da staatliche Mühlen bekanntlich langsam mahlen, gab die Münchner Behörde erst im März 1984 ihre Zustimmung. Bis dahin war im Herbst mühsame Handarbeit angesagt. Des Weiteren wurden zu dieser Zeit die Trauben meistens noch durch den „Hotten- oder Logelträger" aus dem Weinberg getragen. Nur vereinzelt hatte man maschinelle Transportmittel. So war es auch nicht verwunderlich, dass auf dem Weg zum Vollernter im ersten Schritt ein Lesewagen erfunden wurde. Dies war ein Wagen mit vier kleinen Rädern, der mit einer Rohrkonstruktion über die Weinbergszeilen hinweg zusammengehalten wurde und beidseitig mit Lesebehälter bestückt war. Der Antrieb erfolgte mit einem batteriegetriebenen Elektromotor. Doch der Fort-

ERO-Lesewagen (1978)

schritt war schneller und die Wagen gingen nie in Serie, weil inzwischen die schmalen Transportwagen preisgünstig angeboten wurden.

Parallel dazu arbeitete man jetzt mit Hochdruck an dem ersten Vollernter-Prototyp. Dazu hatten die Konstrukteure die Erntevorrichtung als Seitenwagen-Maschine seitlich an einen Schmalspurschlepper angebaut und mit zwei Rädern bestückt. Die Befestigung war als Brücke ausgelegt. Die Konstruktion ähnelte einem umgestülpten U. Die Erntevorrichtung befand sich somit zwischen dem Seitenwagen und

ERO-Traubenvollernter Prototyp als Seitenwagen (1979)

dem Schlepper. Ein besonders schonendes Schüttelwerk löste die Trauben, die dann in einen Auffangteller fielen. Dabei wurden die Blätter durch eine besondere Vorrichtung vom Lesegut getrennt. Die Auffangschuppen waren so konstruiert, dass sie sich während des Betriebs sehr dicht um Rebstämme und Stickel (Pfähle) schlossen und somit kein Lesegut zu Boden fiel. Von hier aus wurden die Traubenbeeren durch ein geschlossenes Fördersystem in den Sammelbehälter oder Sammelwagen befördert. Das gleiche Gerät gab es von anderen Anbietern auch als Anhänger mit Sammelbehälter. Der Antrieb erfolgte über die Zapfwelle. Für diese Arbeiten war ein Schmalspurtraktor mit einer Leistung von mindestens 39 kW (50 PS) notwendig. Darüber hinaus benötigte die Seitenwagenmaschine eine Zeilenbreite von mindestens 1600 mm. Die gezogene Variante kam mit 1400 mm aus.

Der technische Fortschritt bot Anfang der siebziger Jahre durch Einsatz der Elektronik und elektrohydraulischer Bauteile im Landmaschinenbau den In-

Fahrzeugrahmen des selbstfahrenden Traubenvollernters

Fertige TVE-Rahmen zur weiteren Montage

Herstellung eines TVE in Montagestufe 2

genieuren der Landtechnik ganz neue Perspektiven. So entschlossen sich die „Macher" von ERO zum Bau eines Traubenvollernters (TVE) mit eigenem Antrieb. Die Anforderungen sind für die Zukunft: Allradantrieb für den Einsatz auch bei schlechten Bodenverhältnissen, kleiner Wendekreis, Höhenverstellung für jede Zeilenhöhe, Winkelverstellung für den Einsatz im

Fertiggestellte Traubenvollernter vor der Auslieferung an die Kunden (1990)

Seitenhang und Integration eines Sammelbehälters mit ausreichender Kapazität für jede Zeilenlänge. Aus diesen und weiteren Anforderungen entstand ein Pflichtenheft, das wie folgt umgesetzt wurde:

An einem selbsttragenden Stahlrahmen sind auf jeder Seite zwei voneinander unabhängige hydraulisch höhenverstellbare Radaufhängungen angebaut. Damit ist der Einsatz im Seitenhang bis 20 Prozent und im Steilhang bis 30 Prozent gewährleistet. Jedes der vier Räder wird von einem Hydromotor separat angetrieben. Damit ist ein Allradantrieb ohne durchgehende Achse gewährleistet. Über Steuerung des Ölstroms bekommt jedes Rad jeweils so viel Kraft zugeteilt, dass ein Durchrutschen vermieden wird. Die Vorderräder haben einen Lenkeinschlag von 90 Grad. Mit den geringen Außenabmessungen wird so ein minimaler Wendekreis (3500 mm) erreicht. In der Arbeitsstellung können Zeilen bis zu einer Höhe von 2100 mm überfahren werden. An dieser Stelle möchte ich anhand des funktionsoptimierten und patentierten Erntesystems von ERO exemplarisch auf die Wirkungsweise eines Erntekopfes eingehen. Er ist das Herz eines jeden Traubenvollernters. Der Erntekopf besteht aus einer hydrostatisch steuerbaren Halterung auf jeder Seite des Erntekopfes (siehe dazu

TVE-Vorderachse mit Hydromotor

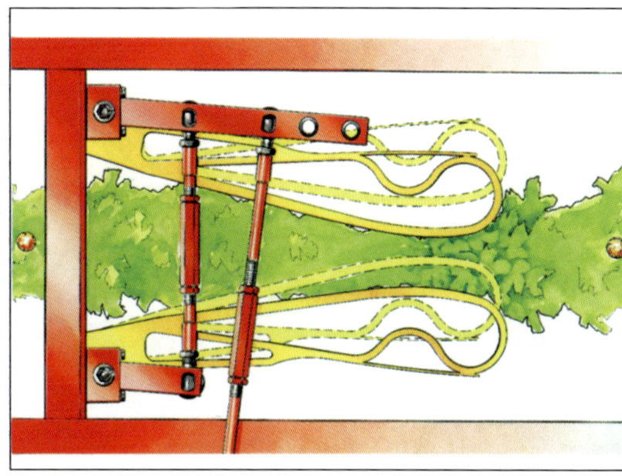

Wirkungsweise des Erntesystems

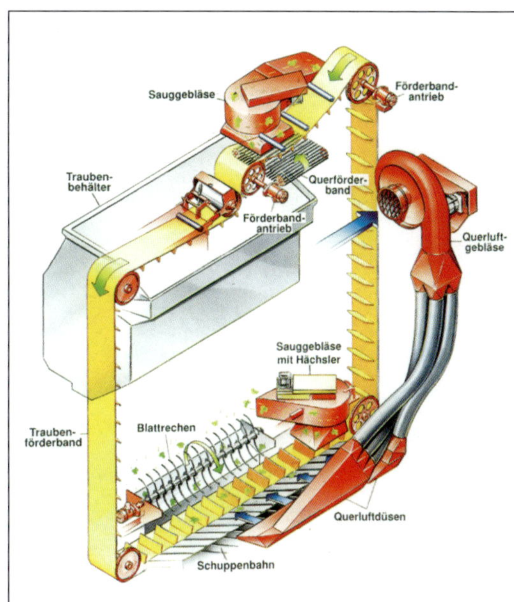

Prinzipzeichnung des Erntekopfs mit Transport des Lesegutes zum Behälter

Blick in das Herz der Maschine, dem Erntekopf

Traubenvollernter im Einsatz (1984)

die Funktionszeichnung). An diesen Halterungen sind horizontal in kurzen vertikalen Abständen acht bis maximal 14 Schüttelstäbe mit hoher Elastizität angebracht. Dies gewährleistet eine exakte Übertragung der Schüttelbewegungen auf die Zeile ohne das von klassischen Stäben bekannte, unkontrollierte Überschwingen. Die hohe Stabelastizität passt sich optimal an den Pflanzenwuchs an. Damit gehören die viel zitierten Schäden an den Weinstöcken und Lockerung der Pfähle der Vergangenheit an. Im Betrieb versetzt nun ein hydrostatisch angetriebenes Schüttelwerk die Stäbe in hohe Schwingungen (stufenlos variierbar von 0 bis 600 Schwingungen pro Minute). Im Gleichsinn schwingen die Stäbe von links nach rechts und umgekehrt. Den einmal in dieses Schüttelwerk gelangten Trauben bleibt keine andere Wahl als abzufallen. Dabei lösen sich die meisten Traubenbeeren von ihren Kämmen und fallen mit dem abgetrennten Laub nach unten, wobei ein Großteil des Laubs schon abgesondert wird. Der Schüttelantrieb von ERO erlaubt es, den Hub der Schüttelstäbe so einzustellen, dass durch Verkleinerung der Amplitude auch Lesegut im fortgeschrittenen Reifegrad mit sanfter Bearbeitung ohne Schaden geerntet werden kann. Zusätzlich spielt die Form der Schüttelstäbe für das schonende Ernten noch eine große Rolle. Bei diesem erfolgreichen System sind die Enden der aus Polyamid gegossenen Schüttelstäbe abgerundet und garantieren vom Einbau bis zur Verschleißgrenze eine konstant breite Anlagefläche. Das auf Traubensorte und Reifegrad einstellbare besonders schonend arbeitende Schüttelwerk kann vom Fahrersitz aus individuell eingestellt werden. Des Weiteren wurde für den Traubenvollernter eine neuartige Blattabtrennung (ERO-Patent) entwickelt. Der überwiegende Teil der Blätter wird schon im Fallen von den Trauben getrennt und trocken ausgetragen. Die restlichen Blätter werden durch zwei Absauggebläse entfernt. Äste und Zweige werden in einem Schneidewerk zerkleinert, damit sie nicht das Gebläse verstopfen. Durch die dreifache Blatttrennung hat man garantiert sauberes Lesegut. Die Trauben landen dann in einer langen Auffangwanne. Sie werden sich jetzt fragen, wie das möglich ist, wo doch die Weinstöcke in der Mitte des Arbeitsraumes durchlaufen. Dies hat ERO mit leichtgängigen, nadelgelagerten Schuppen gelöst, die am Rebstock vorbei gleiten. Dabei öffnet sich das Schuppensystem immer nur kurzzeitig mit der Schuppe, die gerade dem Rebstock Platz macht. Diese Konstruktion stellt auch für junge Pflanzen keinerlei Belastung dar. Durch die schräg angeordneten Schuppen rutscht das Lesegut auf das außermittig angeordnete Förderband. In Verbindung mit dem geschlossenen Transportkanal gibt es auf dem Weg zum Sammelbehälter (1700 Liter) keinerlei Beeren- oder Saftverluste.

Die Erntefläche kann von der unteren Erntegrenze mit 200 mm bis zur maximalen Erntehöhe von 2300 mm eingestellt werden. Um eine optimale Qualität des Weines zu erzielen, sollten zu einem möglichst frühen Zeitpunkt die Traubenbeeren von den Rappen (oder Rispen) und Blättern getrennt werden. Die ideale Lösung ist, dies bereits in den Erntevorgang zu integrieren. Zwei Winzer aus Nußdorf (Kreis Südliche Weinstraße) hatten die Idee, einen Entrapper auf den Traubenvollernter aufzubauen. 1989 wurde für diese Kunden der erste Traubenvollernter mit aufgebautem Entrapper als Sonderbau produziert. Nach einigen Weiterentwicklungen wurde der integrierte Entrapper als Sonderausstattung auch in die Serienproduktion übernommen. Die Ernte erfolgt wie bereits beschrieben. Nachdem die Trauben bzw. Beeren auf das Transportband gelangt sind, werden sie durch den Entrapper geschickt. Dies ist eine zylindrische Trommel, in der eine Stachelwalze mit etwa 350 Umdrehungen pro Minute rotiert. Sie trennt die Beeren von Stielen und Blättern. Dabei werden die Beeren durch kleine Löcher im Mantel der Trommel nach außen geschleudert. Von dort gelangen sie in den Sammelbehälter. Blätter, Kämme und andere „Fremdkörper“, die nicht zum Lesegut gehören, fallen seitlich in die Weinbergzeile. Die Umdrehungsgeschwindigkeit der Walze kann je nach Traubensorte und Reifegrad optimal eingestellt werden. Durch den zusätzlichen Einbau einer elektrischen Neigungsverstellung ist die erforderliche Horizontalstellung für den optimalen Einsatz im Betrieb gewährleistet. Alle Funktionen werden im Führerstand digital angezeigt und sind auch von dort aus regelbar.

Für den Antrieb sämtlicher hydrostatischer und elektrischer Motoren sorgt wahlweise ein Vier- bis Sechs-Zylinder-Deutz-Viertakt-Dieselmotor mit einer Leistung von 72 kW (98 PS) bis 110 kW (156 PS). Natürlich sind aus Umweltschutzgründen nur pflanzliche Hydrauliköle im Einsatz. Der Dieseltank fasst 300 Liter und ermöglicht so einen ganztägigen Betrieb ohne Nachtankung. Alle Bauteile sind für die Reinigung leicht zugänglich.

Der Lesebetrieb erfolgt mit einer Geschwindigkeit von drei bis maximal zehn Kilometer pro Stunde.

Entrapper (patentiert)

Blick auf den Führerstand des ERO Traubenvollernters (2001)

Nach einer Zeitstudie der staatlichen Landeslehr- und Forschungsanstalt Neustadt an der Weinstraße verringerte sich der Arbeitsaufwand aller an der Lese beteiligten Personen von etwa 250 bis 300 Stunden heute durch den maschinellen Einsatz auf etwa drei bis sechs Arbeitsstunden je Hektar. Dies erfordert natürlich auch eine völlig neue Organisation des Betriebes während der Erntezeit. Die geernteten Trauben müssen zum Kelterhaus transportiert und dort weiterverarbeitet werden. So müssen auf der einen Seite genügend Transportmittel zur Verfügung stehen und auf der anderen Seite auch die Kelterkapazität der Erntemenge angepasst sein. In der Regel stehen 25 bis 30 Lesetage zur Verfügung. Dividiert man die zu erntende Fläche durch die Anzahl der Lesetage, so ergibt sich daraus die zu beerntende Tagesfläche. Bei einem Hektar Rebfläche fallen etwa 16000 bis 20000 Liter Maische an. Diese Menge erntet ein Vollernter in etwa sechs Stunden. Für den Traubentransport stehen heute Maischewagen mit einer Füllmenge von

Traubenvollernter beim Entleeren des Behälters (1988)

Traubenvollernter mit Rüsselentleerung der Vorratsbehälter (1988)

4000 bis 6000 Liter zur Verfügung. Diese sind mit Maischepumpe oder Förderschnecke über Zapfwellenantrieb ausgerüstet. Des Weiteren verfügen die meisten Winzer noch über Schmalspurtraubenwagen mit Kippeinrichtung oder Förderpumpe. Die meisten Lohnunternehmer bieten den Transportservice zum Traubenvollernten mit an. Je nach Betriebsgröße werden nun im Kelterhaus eine oder mehrere Traubenpressen gebraucht, die dann rund um die Uhr in Betrieb sind.

Im Jahr 1989 leistete die Firma ERO Entwicklungshilfe der besonderen Art. Auf Einladung von Weingutsbesitzern reiste ein Team bestehend aus Martin Gänz, aus dem Lohnunternehmen Willi Gänz in Guldental, einem Maschinenschlosser und einem Ingenieur der Firma ERO in die großen Weinanbaugebieten nordöstlich von Kapstadt. Dort führten sie im Februar 1989 einen selbstfahrenden Traubenvollernter vor. Während hier in Deutschland die Winzer ihre Reben schneiden, ist dort im fernen Südafrika in den Monaten Februar und März die Weinlese in vollem Gange. Bei strahlendem Sonnenschein und Temperaturen um die 35° C werden z.B. die Trauben Cabernet, Chenin Blanc, Pinot Noir, Riesling oder Sauvignon geerntet. Die kleinsten Weingüter haben eine Größe von etwa 80 Hektar, während die größten weitaus mehr als 1200 Hektar Weinberge bearbeiten. Da die Erntezeit kurz und das reife Lesegut der Gluthitze ausgesetzt ist, suchten die Farmer nach Rationalisierungsmöglichkeiten. Sie hofften, mit dem Vollernter in den Morgen- bzw. Abendstunden ernten zu können, wo die Temperaturen nicht so hoch sind und daher das Lesegut nicht so stark heruntergekühlt werden muss. Zuerst wurde die Maschine den ört-

Traubenvollernter werden ausgeliefert

Traubenvollernter mit Laubschneider für drei Zeilen (etwa 1987)

lichen Gegebenheiten angepasst. Denn vielfach sind die Kulturen nicht in Drahtrahmenerziehung sondern als Buschstöcke angepflanzt. Darüber hinaus waren die Weinbergszeilen so lang, dass selbst die größten Vorratsbehälter nicht ausreichten. Daher wurde ein Überladeband angebaut, um das Lesegut sofort in ein parallel zum Traubenvollernter fahrendes Fahrzeug mit großen Behältern zu befördern. Diese und andere Probleme wie Ölkühlung, Rüttelstärke und Bodenbeschaffenheit konnten schnell gelöst werden. Und so flog das Team Mitte März 1989 wieder nach Hause, während der modifizierte ERO-Vollernter in Kapstadt blieb und weiter arbeitete. Inzwischen sind mehrere ERO-Maschinen im fernen Südafrika im Einsatz.

Für die TVE gibt es gegen Aufpreis folgende Zusatzausrüstung:

Eine erhebliche Entlastung für den Fahrer stellt die automatische Lenkung dar. Hat die Maschine erst einmal die ersten drei bis vier Stöcke hinter sich gelassen, ertasten zwei über den Boden gleitende Führungsschienen an den Weinstöcken entlang die richtige Spur. So wird eine genaueste Fahrweise entlang der Rebstöcke ohne die ständige Konzentration des Fahrers ermöglicht. Die Automatik kann während der Fahrt zu- und abgeschaltet werden.

Für den überwiegenden Einsatz im Steilhang kann der Vollernter auch mit einer Steilhangsicherung ausgerüstet werden. Für Allwettereinsatz steht eine komfortable Kabine mit Scheibenwischer, Radiokonsole und Heizung zur Verfügung.

Das Lohnunternehmen Fleischmann in Edesheim (Kreis Südliche Weinstraße) hat während der Weinlese sechs ERO-Traubenvollernter im Einsatz. Im Herbst 2001 konnte ich hier erstmals die neue Generation der Traubenvollernter im Praxistest beobachten. Als sichtbare Neuerung fällt der Flachbildschirm im Führerraum auf. Hier werden alle Daten der vom Computer überwachten Geräte digital angezeigt. Des Weiteren hat der Fahrer die Möglichkeit, die Ernteeinstellungen für bestimmte Traubensorten und Reifegrade wie Schüttelstärke, Fahr- bzw. Förderbandgeschwindigkeit oder Anzahl der Umdrehungen der Entrapperwalze fest als Programm zu übernehmen und in einem anderen Weinberg mit gleichen Bedingungen einfach abzurufen. Die automatische Lenkung wurde vom Berührungsfühler auf Ultraschall umgestellt. Damit ist eine noch genauere Arbeitsfahrt im Weinberg möglich. Die Geschwindigkeit auf der Straße wurde von 19 auf 40 km/h erhöht.

Traubenvollernter „LS-Traction" an einem Schmalspur-Traktor mit Antriebsblock (1993)

Zur besseren Ausnutzung des TVE werden z.Z. Versuche hinsichtlich unterjährigem Einsatz mit Anbaugeräten wie z.B. Laubschneider gemacht. Als weitere Einsatzmöglichkeiten bieten sich Laubheften und Spritzen an.

Der Preis eines Traubenvollernters liegt bei etwa 150 000 bis 200 000 Euro.

ERO-Traubenvollernter-LS-Traction

ERO-LS-Traction, der schleppergezogene Traubenvollernter stellt für mittlere Betriebsgrößen eine echte Alternative dar. Die Arbeitsweise und Bauteile zum Ernten der Trauben entsprechen denen der selbstfahrenden Traubenvollernter. Für einen optimalen Einsatz auch bei Steigungen bis 40 Prozent und schweren Böden sorgen leistungsstarke Axialkolbenpumpen als Radmotoren. Das Anhängen erfolgt mittels Aufsatteln eines Antriebblocks am Heck des Schleppers. Die Verwendung eines kurzen Doppelkardans in Verbindung mit dem Antriebsblock ermöglicht außerdem den permanenten Betrieb sowohl der Hydraulikpumpen als auch des Radantriebs selbst beim rechtwinkligen Herausfahren aus der Weinbergszeile. Die von ERO entwickelte automatische Zugkraftregelung sorgt für größtmögliche Bodenschonung, da vom Traktor nur eine geringe Zugkraft gefordert wird. Der weitgehenden Vermeidung von Bodenverdichtung bzw. -beschädigung dient auch die serienmäßige großvolumige Terrabereifung. Eine automatische Zugkraftregelung sorgt dafür, dass die Radmotoren je nach Bedarf mit bis zu 450 bar Druck versorgt werden. Die Ölkreise werden optimal unter Verwendung eines Load-Sensing-Systems gesteuert.

Ls-Traction beim Entleeren der Vorratsbehälter in einen Traubenbeförderungswagen (2000)

Mit Hilfe der Motordrehzahl und eines vom Führerhaus des Schmalspur-Traktors bequem erreichbaren Joysticks können alle Einstellungen der Maschine, wie z.B. Schüttelwerk, Geschwindigkeit der Förderbänder, Gebläseleistung, Seitenhangausgleich bis 27 Prozent und Entleerung der Auffangbehälter gesteuert werden.

TVE SF 190 und LS-Traction

Ls-Traction beim Traubenernten

Technische Daten:

Gesamtlänge	2700 mm
Gesamtbreite ab	2350 mm
Gesamthöhe	2700 mm
Traubenauffanglänge	2000 mm
Förderbandbreite	330 mm
Zeilenbreite min.	1400 mm
Überfahrhöhe max.	2750 mm
Übergabehöhe	2600 mm

„Ohne Bügel wär' ich platt wie 'ne Maus"

Die Geschichte des Überrollbügels

von Jürgen Svensson

Sie haben eine alten Schlepper! Haben Sie auch einen Schutzbügel aufgebaut? „Der verschandelt das Schlepperbild", sagen Sie, „ich habe meinen Schlepper original restauriert!". Nun ja, über Geschmack kann man streiten; aber hätten Sie gesagt: „Ich fahre vorsichtig", oder „ich springe ab", so wären diese Argumente uralt und grundfalsch.

Diejenigen, die mit dem Schlepper umgekippt sind, kann man nicht einfach als Brüder Leichtfuß abtun, dafür waren es zu viele.

Und abspringen? Sind Sie schneller als der Rennfahrer Nicki Lauda in jungen Jahren? Er ist auch mit einem Schlepper umgekippt. „Es ging so schnell", sagt er, „ich hatte einfach Glück". Wenn Sie wirklich meinen, schneller zu sein, dann springen Sie auch zur richtigen Seite: Bergab geht nicht, da fällt schon der Schlepper hin.

Wirkliches Glück im Unglück hatte ein Landwirt, als er unter den Obstbäumen in einer Terrassenanlage mit seinem Schlepper Gras mähte. Schutzbügel waren noch nicht Pflicht. An einer Mauerkante rutschte der MF 65 ab und fiel auf die darunterliegende Terrasse. Dort blieb die Maschine nicht liegen, sie rollte weiter und fiel die nächste Terrassenmauer hinab. 5 Terrassen tiefer kam der Schlepper endlich zur Ruhe. „Ich weiß nicht wieso, aber ich rutschte beim ersten Umsturz unter den Sitz. An der Sitzkonsole habe ich mich festgehalten, ich habe sie richtig umarmt und die ganze Zeit gedacht, bloß nicht loslassen. Am Schlimmsten war es, wenn der Trecker auf den Rädern landete. Dann sprang er weg, wie ein Gummiball." Der Landwirt hatte sich Arme, Hände und Brust an den scharfen Sitzkanten aufgerissen, sonst war alles in Ordnung. Hier haben wohl die Schutzengel des ganzen Dorfes ausgeholfen.

So hat wohl jede Bauernfamilie ihre Geschichte zu Schlepperumstürzen oder zu anderen brenzligen Situationen. Mein Bruder beispielsweise fuhr mit Trecker und Anhänger eine Wiese hinab und kam ins Rutschen. Zum Glück blieb der Zug gestreckt und schlug nicht quer. Unten war ein Teich, dort wurde

Schlepper sind breiter als hoch, wenn sie umkippen, rollen sie meistens auf den Kopf

der Trecker versenkt. Ein anderes Beispiel: Unser Nachbar hatte den schmalen Mähdrescher 630 S von Massey Harris auf die Seite gelegt. Er flog im hohen Bogen runter.

Merken Sie was? Ich halte Ihnen eine Predigt. Gegenüber den Predigern haben die Unfallverhüter einen entscheidenden Vorteil, sie haben eine Statistik und die ist eindeutig. 200 Tote pro Jahr waren vor Einführung des Schutzbügels zu beklagen, die Einwohnerzahl eines kleinen Dorfes; weg; beerdigt! Dazu jedes Jahr 10 000 Verletzte und 1 500 neue Rentner. Aus Erfahrung sollte man klug werden. Auch wenn es die blutige Erfahrung anderer ist.

Mir soll keiner erzählen, unser Hobby sei ungefährlich. Die meisten Hobbyschlepper sind klein, leicht und wendig. Gerade diese Generation brachte die meisten Unfälle. Die alten Donnervögel aus der Eisenräderzeit waren schwer und behäbig. Wenn Gefahr drohte, blieb meist noch Zeit zum Reagieren. Bei den neueren Serien nach 1980 stieg die Leistung und damit das Gewicht stark an. Breite Reifen wurden nötig, für die Fahrsicherheit eine günstige Entwicklung. Und noch eines sind unsere Hobbyschlepper: Sie sind breiter als hoch. Wenn sie kippen, rollen sie fast immer auf den Kopf.

Eine brenzlige Situation: An Wegeinmündungen sind die Schlepper leicht in den Graben geworfen worden

Etwas Wichtiges vorweg: Die Bügelpflicht

Einleitend wollte ich Sie zum Aufbau eines Umsturzschutzes überreden. Jetzt wollen wir klären, ob Sie nicht sogar einen Bügel aufbauen müssen: Setzen Sie Ihren Oldtimerschlepper in der Landwirtschaft ein? Bei Bruder, Schwester, Freund aushilfsweise? Nur ganz kurz und wirklich sehr selten? Für diese Arbeiten muss ein Bügel aufgebaut sein, egal ob der Schlepper uralt, restauriert, abgemeldet, mit schwar-

Hier ist alles ausgereizt, was möglich ist: Mähwerk hangseitig, Gitterräder, der Fahrer auf dem Sprung

zer, roter oder grüner Nummer angemeldet ist! Führen Sie solche Arbeiten mit Ihrem Schlepper nicht aus, dann sind Sie von der Bügelpflicht befreit.

Zur Vorschrift: Zweiachsschlepper mit mehr als 500 kg Gewicht, die in einem Unternehmen der Land- oder Forstwirtschaft eingesetzt sind, müssen mit einem Umsturzschutz ausgestattet sein. Auch dann, wenn dieser Einsatz nur von kurzer Dauer ist. Verantwortlich ist der Betriebsunternehmer. Er darf keinen Schlepper „oben ohne" einsetzen oder einsetzen lassen. Wenn Sie ihm Ihre Hilfe anbieten, muss er sie zurückweisen, er kann sonst in Teufels Küche kommen. Ein saftiges Bußgeld ist noch das Wenigste. Wenn etwas passiert, drohen Regressforderungen. Daran ist schon manche gute Beziehung zerbrochen. Dreh- und Angelpunkt bei der Beurteilung ist die „Arbeit" an sich. Nach einem Unfall fragen sowohl Berufsgenossenschaft als auch Krankenkasse als erstes: „Wurde Arbeit verrichtet?" Wird „im Rahmen eines Betriebes gearbeitet", muss die BG das volle Programm leisten, vom Verletztengeld über die Reha bis hin zur Witwenrente – unabhängig von Verträgen oder Beitragszahlungen, sondern „kraft Gesetz". Im gleichen Moment, in dem die BG einsteigen muss, muss die gesetzliche Krankenkasse aussteigen. Auch das ist Gesetz und die privaten Krankenkassen haben entsprechende Vertragsklauseln. Hier nach einem Unfall zu tricksen, kann schwer ins Auge gehen. Die Meinung: „Ich habe eine Krankenkasse und will doch nichts von der Berufsgenossenschaft.Wenn sie will, kann sie das auch schriftlich haben", ist weit verbreitet, aber trotzdem falsch.

Ein unbedarfter Zeitgenosse schrieb in einer Oldtimer-Zeitschrift: „Ich habe beim Bauern geholfen, und es hat richtig Spaß gemacht, mit meinem Schlepper die richtige Landwirtschaft zu erleben", mit Schlepperbild ohne Bügel und Namensangabe. Eine missliebige Berufsgenossenschaft könnte ihm allein für diese „Mitteilung einer Ordnungswidrigkeit" ein Bußgeld aufbrummen. Nicht nur der Betriebsunternehmer, sondern auch der Arbeitnehmer (und das war der Zeitgenosse in diesem Augenblick) ist für die Einhaltung der Unfallverhütungsvorschriften verantwortlich.

Das eben Geschilderte heißt nicht, daß Sie sich nicht bei Treckertreffs oder auch privat landwirtschaftlich mit Schleppern ohne Bügel betätigen dürfen. Ich schreibe bewußt nicht arbeiten, denn dieser Begriff ist fest besetzt. In unserem Club setzen wir jedes Jahr Selbstbinder und Dreschmaschine ein, roden Kartoffeln oder pflügen auch schon mal aus Spaß an der Freud. Die Flächen, auch die Ernteflächen, stellen uns wohlwollende Bauern mal gegen Geld, mal umsonst zur Verfügung. Das Getreide geben wir nach dem Dreschen zurück. Was sollen wir damit? All dies ist Hobby und interessiert die BG nicht und hat sie auch nicht zu interessieren.

Wenn Sie mit Ihrem Schlepper für die Landwirtschaft fahren, gelten die Unfallverhütungsvorschriften der landwirtschaftlichen BG. Helfen Sie mit dem Schlepper in einem gewerblichen Betrieb aus, so gelten die Vorschriften der BG, bei der dieser Betrieb Mitglied ist. Es kann sein, dass in diesem Bereich die Bügelpflicht für Schlepper nicht besteht.

Der Fahrerplatz und die Fahrsicherheit

Bevor wir uns der Entwicklung des Umsturzschutzes zuwenden, gehen wir in die fünfziger und sechziger Jahre zurück und verfolgen die Schlepperentwicklung, soweit sie für den Fahrerplatz und die Fahrsicherheit interessant ist. Entwicklungen haben ja Ursachen.

Zwischen 1950 und 1960 sind 1,3 Millionen Arbeitskräfte, rund 35 Prozent, aus der Landwirtschaft in gewerbliche Berufe abgewandert. Nicht nur Landarbeiter, sondern auch junge Landwirte, die den Betrieb aufgegeben hatten, und Bauernkinder wagten den Schritt in die Stadt. Höherer Lohn, geregelte Arbeitszeit, Wochenende frei und ein besserer Lebensstandard lockten. Landflucht nannte man das, und der für die Landwirtschaft schmerzliche Begriff Strukturwandel kam in Mode. Diejenigen, die Pferde führten, die Rübenhackmaschinen lenkten oder die Dreschmaschinen bedienten, wurden immer weniger.

Der Tragschlepper: oft propagiert, kaum praktiziert

Fähse Monohack: Eine Erfindung für Bauern, die die Arbeit allein erledigen mussten. Der Maschinenrahmen saß hinten in der Hydraulik. Mit dem Anheben der Hydraulik hob sich auch die Schleppervorderachse. Kupplung, Gas und dergleichen waren nach vorn verlegt.

Der Deutz Telestop machte das leidige Auf- und Absteigen auf dem Feld beim Beladen des Anhängers überflüssig. Der Hebel wirkte gleichzeitig auf Kupplung und Bremse. Wer so etwas nicht hatte, brachte seinen Kindern schnell das Treckerfahren bei.

Die Pferde wurden verkauft und der Schlepper mußte ihre Arbeit mit erledigen. Die eingesetzten Schlepper waren bisher reine Zugmaschinen, zur abgegebenen Leistung bewußt schwer und zugstark gebaut. Der Deutz F1 L 514/51 mit 15 PS Leistung wiegt 1310 kg, das sind 87 kg pro PS. Der Hanomag R 16 bringt 73 kg pro PS als Kampfgewicht auf die Waage. Mit diesen Zugmaschinen konnten noch die alten pferdegezogenen Maschinen, auf Schleppzug umgerüstet, für einige Jahre gute Dienste tun.

Bald war der Bauer allein auf dem Hof, die Arbeit drängte. Mehr Schlepperleistung, so um die 25 bis 30 PS, mußte her und bei gleichem PS-Gewicht wären das um die 2000 kg, die übers Feld rollten. Das ging nicht mehr, bei Pflegearbeiten drohte Bodenverdichtung. Wieder ein Schlagwort, welches die Runde machte. Der Schlepper wurde „Alleinschlepper", zum „Mädchen für alles". Er sollte gleichzeitig als Zugschlepper schwer und als Pflegeschlepper leicht sein. Die wenigsten Bauern konnten sich mehr als einen Schlepper leisten.

Da kam es gerade recht, daß nicht mehr nur Ferguson allein die Regelhydraulik anbieten durfte, sondern alle. 1960 kam John Deere mit dem 300er und dem 500er mit Regelhydraulik auf den Markt. Alle anderen folgten schnell.

Das Schleppergewicht pro PS konnte von 70/80 kg auf etwa 50 kg gesenkt werden. Natürlich verliefen die beschriebenen Entwicklungen nicht alle

Arbeitskräfte wurden knapp, aber die Arbeit musste geschafft werden

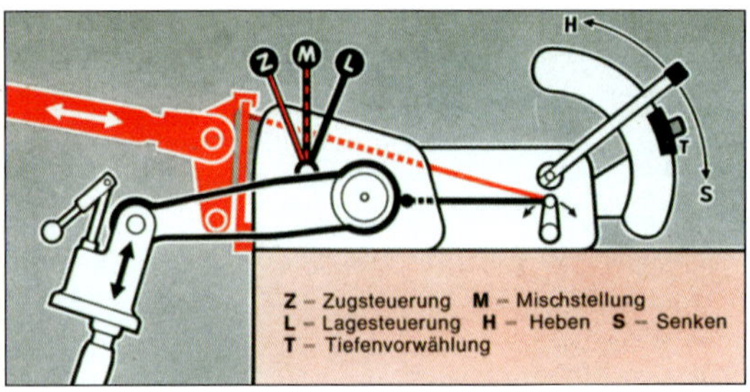

Fendt Regelhydraulik. Der Schlepper trägt den Pflug durch den Boden. Der Zugwiderstand steuert die Hydraulik. Der Hinterachsdruck erhöht sich beträchtlich und der Radschlupf sinkt.

Frontgewichte wurden modern – sie sind es bis heute

gleichzeitig; eine Fabrik preschte vor und andere Firmen hinkten nach. Bei Pflegearbeiten wie Spritzen, Kartoffeln häufeln oder Rüben hacken rollte „das Mädchen für alles" leicht über das Feld und beim Pflügen brachte die Regelhydraulik genügend Druck auf die Hinterachse. Die Schlepperfirmen machten diese Entwicklung gerne mit, kostete sie doch 1 kg Eisen in der Verarbeitung sechs bis acht Mark. Dünnere Gusswandungen brachten kleinere Bearbeitungsflächen und Ölwannen aus Blech waren auch gut, so läpperten sich schnell 300/400 kg zusammen. Die notwendige Stabilität gegen Durchbrechen des Traktors brachte die Halbrahmenbauweise. Das eingesparte Geld war in besserer Ausrüstung der Produkte besser aufgehoben. Die Schlepper wurden hochwertiger, das war gut für den Absatz und rund 70 000 Stück wechselten Anfang der sechziger Jahre jährlich den Besitzer.

Geringes Gewicht brachte nicht nur Vorteile. Die alten Maschinen waren ja nicht umsonst so schwer gebaut. Mit dem geringeren Gewicht war der Druck auf die Vorderachse kleiner geworden. Ich erinnere mich an den D 440 von der IHC. Er zog zwar mit Regelhydraulik einen Dreischarpflug, aber am Feldende, bei ausgehobenem Pflug, tanzte er vorn wie ein Zirkusgaul. Ohne Zusatzgewichte unter der Vorderachse lief beim D 440 vor dem Pflug nichts.

Man ging dazu über, die Schlepper länger zu bauen und den Motor nach vorn zu verlegen. Dies wurde durch Verlängerung der Kupplungsglocke und der Getriebeeingangswelle erreicht. Eine längere Bauweise verhinderte einigermaßen das Aufbäumen der Traktoren. Batterien und teilweise auch Tanks wanderten als Ballast vor den Motor.

Da der Teufel auch hier wieder im Detail steckte, hätte man sich durch die Verlängerung einen größeren Wendekreis eingehandelt. Die Konstrukteure konnten die Vorderachse nicht wie beim Auto unter den tiefliegenden Motor setzen, ohne die notwendige Bodenfreiheit zu verringern. Aus geraden Vorderachsen wurden nach hinten gebogene. Bei verlängertem Schlepper – also lang – und bei zurück gesetzten Vorderrädern – also kurz – war wieder der enge Wenderadius entstanden und die Lang-Kurz-Bauweise geboren.

Welche schweren Zugaufgaben hatte der moderne Schlepper damals zu erfüllen?

- das Pflügen – dafür gab's die Regelhydraulik
- die Saatbettbereitung mit Grubber und Kombina-

tionen – das lief auf schwerem Boden nicht optimal – dafür gab es bald die zapfwellengetriebenen Rüttel- und Kreiseleggen
- die Transportarbeiten vor dem Anhänger, insbesondere im nassen Herbst, dafür gab es größere Reifen für den besseren Zug. Und für das Bremsen am nassen Hang? Nichts, die Reifen schmierten beim Schieben der Anhänger zu und die Schlittenfahrt begann.

Die Schlepper waren bei geringem Gewicht zugkräftiger geworden, konnten aber die Last nicht halten und abbremsen. Die alten Zugschlepper schleppten viel Eigengewicht mit sich herum, das reichte zum Ziehen und (meistens) auch zum Bremsen.

Einen guten Nebeneffekt hatte jedoch die neue Lang-Kurz-Bauweise, Platz für Zwischenachsgeräte und auch Platz für den Seitenaufstieg des Fahrers. Zwischenzeitlich war nämlich das Aufsteigen über das bewegliche Hydraulikgestänge, dem großen Regelhydraulikblock und an Schalthebeln vorbei zum Sitz, zur Kletterei geworden.

Man hatte sogar Platz, um den Fahrersitz nach vorn zu rücken. Die Plattform, wie beispielsweise Lanz sie bei der letzten, der 16er Baureihe gebaut hatte, verschwand. Links und rechts vom Getriebeblock wurden auf halber Blockhöhe Trittflächen für die Füße angebaut: „Reitsitz" nannte dies die Werbung. Mit einem Satz war man auf dem Schlepper, das Bein über den Sitz geschwungen, und ab ging die Post. Der Reitsitz hatte aber einen schweren Nachteil: Der Sitz musste tiefer gesetzt werden; fast bis auf den Getriebedeckel. Die Sitzfederung schrumpfte zu einem kleinen Gummiknubbel zusammen. Die Sitze gerieten bretthart und hatten kaum Federweg.

Das störte niemanden. Seit 1920 hatte man den Fahrersitz, den ganzen Fahrerplatz, mit wenigen vom Kunden nicht gewürdigten Ausnahmen einmal abgesehen, stiefmütterlich behandelt. Man war es so vom Pferdewagen her gewöhnt. Schlecht gefahren ist immer noch besser, als gut gelaufen.

Wichtig waren bisher beim Schlepperkauf die Leistung und die Funktion. Für Schnick-Schnack wie gepolsterte, schwingungsgedämpfte Sitze, synchronisierte Getriebe oder gar Komfort hatte bisher keiner Geld ausgegeben. „Gut" mußte der Schlepper sein und gut war er, wenn er kräftig zog und nicht kaputt ging. Auch wenn der Motor brüllte, dass einem die Ohren abfielen: „Na und, wer Kraft hat, darf auch

Deutz D 30 und D 40 S im Schnittbild: Die Entwicklung vom Zugschlepper zur Lang-Kurz-Bauweise

John Deere: Die Lang-Kurz-Bauweise

IHC D 324: Der Reitsitz samt Federung

HP Bulldog: Für damalige Verhältnisse war der Fahrer auf dem HP Ackerbulldog von 1923 schon sehr gut untergebracht

Eicher 15 PS: Die Leistung war wichtig

Der Güldner zog gut und Reparaturen waren selten

brüllen". Nun, gut nach diesen Gesichtspunkten waren Anfang der sechziger Jahre alle Schlepper.

Um zu verkaufen, musste man sich von der Konkurrenz absetzen. Die Lang-Kurz-Bauweise hatte einen besseren Aufstieg gebracht, durch die schmale Wespentaille konnte man die Fahrspur der Vorderräder besser beobachten und der Fahrerplatz war geräumiger geworden. Komfort nannten es die Werbeabteilungen und spendierten noch eine schöne Motorhaube. Komfort und Formschönheit hatte als Werbestrategie schon beim Auto geklappt, warum nicht auch beim Schlepper? Der Erfolg im Bereich Formschönheit blieb mäßig und beim Komfort hatte man kaum etwas zu bieten. Die gute Übersicht und die gute Erreichbarkeit der Bedienhebel riss niemanden aus dem Sessel.

Trotzdem hatten die Werbeleute den richtigen Riecher. Man wollte Komfort, natürlich in Maßen – es musste ja schließlich immer noch selbst bezahlt werden... Der Geist war aber aus der Flasche. Die älteren Landwirte litten inzwischen unter Kreuzschmerzen. Sie führten dies auf die schlechten Fahrersitze zurück und die jüngeren Bauern wollten nicht das gleiche Schicksal erleiden. Die Frontladerarbeit wurde mit Lenkhilfe auch leichter. Ein Verdeck wäre ebenfalls nicht schlecht, die Schleppereinsatzstunden

Eicher Mammut für allerschwerste Leistungsansprüche – mehr brauchte der Kunde noch nicht

Bei Neuentwicklungen wurde zuletzt an den Fahrerplatz gedacht, erst musste das Maschinensystem funktionieren, so wie hier beim Lanz Alldog im Jahr 1953

Fendt Favorit 4S: Der Komfort hielt sich noch in Grenzen

Erst nach mehreren Entwicklungsstufen, als der Motor in den Untergrund verbannt war, konnte an die Ausstattung des Fahrerplatzes gedacht werden

Welch eine Entwicklung für den Fahrer: Vom angesetzten „Schwalbennest" zum zentralen Arbeitsplatz

stiegen, die Arbeit drückte, und man konnte nicht bei jedem kleinen Regenguss nach Hause fahren. Beim Schlepperkauf achtete der Landwirt nicht mehr nur auf die Leistungsfähigkeit der Maschine, sondern dachte auch an seine eigene Leistungsfähigkeit, die erhalten bleiben sollte.

In diese Zeit des Umdenkens, so Anfang der sechziger Jahre, fiel auch die Forderung der Berufsgenossenschaft nach Umsturzschutz und nach schwingungsgedämpften Sitzen.

Der Sicherheitsrahmen wird bald 50

Nein, nicht in Deutschland, da wurde er erst 1970 Pflicht, aber in Schweden. 1955 begann man dort mit Umsturzversuchen. Man rüstete Schlepper mit Schutzrahmen aus und stürzte sie den Hang hinunter. Beurteilt wurde, ob für den Fahrer ein Überlebensraum geblieben wäre. Dann ging man ins Labor, baute auf gleiche Schlepper gleiche Rahmen auf und ahmte die Belastung nach, so lange, bis die Verformungen denen glichen, wie sie beim praktischen Umsturz am Hang aufgetreten waren. Nun hatte man ein Prüfverfahren und entwickelte daraus ein Rechenverfahren für andere Schlepper mit anderen Schutzrahmen.

Ein irgendwie geartetes Rechenverfahren wäre vorher nicht möglich gewesen, weil man sich bei der Belastungsart außerhalb jeder Stahlnorm befindet. Stahlhersteller garantieren nur, dass dieser oder jener Stahl dies oder jenes aushält, bis er biegt. Sie garantieren nicht, das Stahlrohr X biegt bei der Belastung Y um so und soviel cm. Das Verhalten der Schutzrahmen war nur durch Versuch zu ermitteln. Im Grunde gilt dies heute noch. Es gibt zwar Rechenverfahren,

Alte Schlepperverdecke, ob Handwerderarbeit oder wie hier ein Serienprodukt, waren gute, alte Werkmannsarbeit und damit für die Ewigkeit gebaut. Auch ein Umsturz konnte ihnen kaum etwas antun.

auch solche, die einen Computer zum Schwitzen bringen, aber nicht umsonst führt der ADAC bei unseren Autos immer noch Crashtests durch. Die Materialbelastung ist zumindest ähnlich.

1957 wurde der Schutzrahmen in Schweden für Betriebe Pflicht, die Arbeitnehmer beschäftigten. Familienbetriebe blieben von der Pflicht ausgenommen. Schweden hatte die Vorreiterrolle übernommen. Andere Länder folgten (nicht gleich) dem Beispiel. Man kannte in Deutschland die schwedischen Arbeiten und Ansichten. Man kannte aus eigener Erfahrung Umstürze von Schleppern mit festem Dach, bei denen die Fahrer außer einem gehörigen Schrecken nichts davontrugen. Man wußte aber auch von Fällen, wo Fahrer, mehr noch wo Beifahrer, zwischen Dach und Boden erdrückt wurden.

Der Umsturzschutz beseitigt nicht die Ursache des Unfalles, den Umsturz des Schleppers. Der Schutz kann nur die Folgen abmildern, bestenfalls verhindern. Auf einer internationalen Tagung 1961 in Mannheim, mit Schwerpunkt Schlepperunfälle, wurden diese Punkte diskutiert. Man suchte nach Wegen, die Ursache auszuschließen, zu verhindern, dass der Schlepper kippt. Warum nicht eine breite Spur und runter mit dem Schwerpunkt? Der Unimog ist trotz Normalspur als wahres Kletterwunder bekannt. Warum muss die Vorderachse frei um den Mittelbolzen pendeln? Der Vierrad-Schlepper verhält sich dadurch fast wie ein Dreirad. Mit einer festen, gut gefederten Vorderachse wie beim PKW kann sich der Schlepper am Hang besser abstützen. Warum nicht eine Tiefanhängung der Anhänger? Ferguson liefert die Hitch-Anhängung. Damit ist das Aufbäumen der Schlepper beseitigt, das Querschieben am Berg unterdrückt und die Hinterachse durch den Anhänger stark belastet. Das ist gut fürs Ziehen und fürs Bremsen. Diese technischen Lösungen sind zwar Mittel, um die Betriebssicherheit der Schlepper zu verbessern, aber kein Allheilmittel gegen Umsturz. Der Schweizer Vertreter berichtete von Fällen, bei denen die Schlepper den ganzen Hang hinunterrollten. Dies müsse ein Schutz überstehen. Er halte den offenen, schwedischen Schutzrahmen nicht für zweckmäßig. Bei Mehrfachüberschlägen werde der Fahrer vom Sitz geschleudert und überrollt. Entweder der Fahrer sei immer angeschnallt, oder eine Sicherheitskabine sei nötig.

Dies brachte die Holländer auf den Plan. Man habe zwar keine Berge, aber oft Umstürze an Grabenrändern. Kein Holländer würde sich anschnal-

Kippwarngeräte

Je mehr Schlepper in der Landwirtschaft liefen, desto mehr kippten auch um. Die Zeitungen berichteten darüber. Erfinder machten sich Gedanken. Das abgebildete Kippwarngerät erfand ein Optiker. Bei einer Querhangneigung von 35° schaltete es die Hupe ein. Ein anderes Gerät unterbrach bei ähnlicher Neigung die Dieselzufuhr zum Motor und ein drittes schaltete bei Umsturzgefahr eine rote Lampe an. Aber alle Geräte taugten nicht. Entweder warnten sie zu früh, oder es war schon zu spät. Mit diesen Geräten wäre nur ein kleiner Teil der Umstürze vermeidbar gewesen. Querschieben der Schlepper durch Anhänger und Umstürze in den Straßengraben durch Fahrfehler bildeten eine häufigere Unfallursache.

Die Pendelvorderachse macht den Schlepper beim Kippen fast zum Dreirad

Für den Forst wurde 1965 eine Komplettlösung vorgeschlagen. Der Umsturzschutz diente gleichzeitig als Rahmen für einen Ladekran. Weil man mit dem Aufschlag eines gefällten Baumes auf die Maschine rechnete, erhielt der ganze MF-Schlepper einen Schutzrahmen.

len, weil er sonst Angst vor dem Ertrinken haben müsse. Der Tagungsbeitrag der Dänen war umfassend. Man hatte Schlepperumstürze durch Nachschieben von Anhängern untersucht. Schwere Allgaier-Schlepper, die in Dänemark einen gewissen Marktanteil hätten, kippten demnach mehr als doppelt so häufig um wie Ferguson-Schlepper mit angehängten Ferguson-Anhängern in der Hitch-Kupplung. Der schwedische Schutzrahmen sei für bestimmte Betriebe auch in Dänemark Pflicht. Er sei zu schwer, behindere die Sicht und werde deshalb abgebaut. In Dänemark sei man gegen einen sehr kräftigen Schutzrahmen, mit dem ein Schlepper beispielsweise den St. Gottard hinabrollen könne. Jetzt würden ja schon bei Rahmentests in Schweden Schlepper komplett auseinandergerissen. Was nutzt der stärkste Rahmen, wenn der Fahrer beim schweren Umsturz von abgerissenen Schlepperteilen getroffen wird. Man schlage vor, nur für die häufigsten Unfälle vorzusorgen und einen leichten Umsturzschutz, leichter als den schwedischen, vorzusehen. Eine eindeutige Empfehlung brachte die Tagung nicht. Es zeichnete sich dennoch ab: Der Schutzrahmen wird kommen, auch in Deutschland.

Der Weg zum Umsturzschutz in Westdeutschland

Auf der DLG-Ausstellung 1960 in Köln hatte die Berufsgenossenschaft auf ihrem Stand sowohl einen Bügel als auch einen Schutzrahmen ausgestellt und empfohlen. Dies hatte man nur mit halbem Herzen getan. Es war noch nicht klar abzusehen, wohin die Reise geht. Die Firmen Fritzmeier und Dietek boten sogenannte umsturzgesicherte Verdecke an. Ein leichter Rohrbügel, befestigt an der Verdeckkonsole, sollte bei einfachen Seitenumstürzen das „auf den Kopf Rollen" der Schlepper verhindern. Diese Entwicklung war den Berufsgenossenschaften nicht recht. Wenn schon ein Schutz, dann ein richtiger!

1961/62 lief die Schutzrahmenentwicklung an. Der Rahmen war nicht unumstritten. Auch bei der Berufsgenossenschaft nicht. Wie stark sollte er gebaut sein? So kräftig wie der schwedische? Leichter? Wie sollte der Fahrer gegen Herausfallen beim Mehrfachüberschlag gesichert sein? Gar nicht? Mit Anschnallgurt? Oder lieber doch gleich eine Kabine? Diese Fragen waren möglichst rasch zu klären, und die Firmen, die Schlepperverdecke lieferten, wurden in die Entwicklung eingebunden. 1962, zur DLG-Ausstellung in München, führte die Firma Fritzmeier auf Anregung der Berufsgenossenschaft die ersten öffentlichen Umsturzversuche mit Schutzrahmen vor, und 1964 gab es die ersten Prüfberichte über Schutzrahmen. Die Entwicklung hin zu Schutzrahmen für alle Schlepper lief. Bei allen öffentlichen Vorführungen in der Anfangszeit hatte man zusätzlich zum Schutz ein Verdeck montiert. So umging man die Frage nach dem Herausfallen. Außerdem war man Verdeckhersteller und wollte verkaufen, wenn möglich Umsturzschutz und Verdeck. Die Frage, ob Schutzrahmen oder Kabine erledigte sich von selbst. Die OECD, eine europäische Organisation für technische Entwicklung und Zusammenarbeit hatte das Problem aufgegriffen und ein Prüfverfahren für Schutzrahmen als Empfehlung herausgegeben.

Keine Ausstellung mehr, ohne dass die landwirtschaftliche BG, wie hier auf der DLG 1968, für Umsturzschutz warb

Dieser „Schlepper" brauchte als Arbeitsmaschine keinen Umsturzschutz, bekam aber einen freiwillig vom Hersteller

Trotz starker Verstrebung des Daches und trotz des im Peko-Prospekt beschworenen Schutzengels – der Schwachpunkt der „umsturzgesicherten" Verdecke blieb bei allen Fabrikaten die Verdeckfederung

Grundlage war der alte schwedische Labortest in den neuere Erkenntnisse eingearbeitet waren. Die Empfehlung (später Richtlinie) sollte in ganz Europa angewandt werden.

Ab Mitte der sechziger Jahre gab es in der Öffentlichkeitsarbeit der Berufsgenossenschaft nur ein großes Thema, den Umsturzschutz. Ein derartiges Vorhaben kann in einer Demokratie keine Institution ohne Zustimmung der „beteiligten Kreise" durchziehen. Als Körperschaft haben die Berufsgenossenschaften eine Regierung, die Selbstverwaltung. Sie besteht aus Landwirten und Arbeitnehmern. Diese Landwirte sind in den Bauernverband eingebunden. Im Verband, bis hinunter zu den Kreisverbänden, war Zustimmung, schweigendes Einverständnis oder zumindest Duldung für die Aktion nötig. Erst als dies erreicht war, konnte der Entschluss gefasst werden. 1968 war es dann soweit, eine neue Unfallverhütungsvorschrift wurde beschlossen: „Eine Einrichtung, die geeignet ist, den Fahrer bei seitlichem Umsturz und bei rückwärtigem Überschlagen des Zweiachsschleppers zu schützen" hieß und heißt die Forderung. Man hatte ein Schutzziel formuliert und keine Bauvorschrift erlassen. Die Entwicklung verschiedener Schutzlösungen war damit möglich, der technische Fortschritt nicht eingeschränkt. 1970 trat die Regelung für neue Schlepper in Kraft und bis Ende 1976 sollten Altschlepper nachgerüstet sein. Die Bügelaktion war eine Aktion der Landwirtschaft. Keiner hat freudig Geld ausgegeben, aber die Mehrheit der Bauern sah die Notwendigkeit ein. „Unfälle verhüten ist besser als Unfälle vergüten". Die Abwehr der Landwirte fiel für die Neuschlepperregelung entsprechend gering aus. Anders war dies bei der Nachrüstaktion. Eine Gegenwehr der Industrie fiel fast ganz aus. Zusätzlich verkaufte Schutzrahmen brachten Umsatz und die „Schuld" daran konnte man anderen geben.

Grenzfall: Der Holder B 12 ist der kleinste Schlepper, der bereits einen Bügel braucht. Sein Kollege, der unten abgebildete Holder B 10, benötigt dagegen noch keinen Bügel.

Wann ist ein Schlepper ein Schlepper oder welche Schlepper brauchten einen Bügel?

Keine Regel ohne Ausnahmen. Das Fahren kleiner Schlepper ist wie Ponyreiten. Wenn sie umfallen, setzt man hangseitig den Fuß auf die Erde und lässt sie alleine fallen. Bis 500 kg Gewicht wird deshalb kein Bügel verlangt und bis 1000 kg Gewicht (und unter 25 PS) wird nur ein Bügel nötig, wenn der Sitz über 80 cm hoch liegt. Arbeitsmaschinen brauchten keinen Bügel, auch wenn sie wie Schlepper aussahen. Der kleine Unterschied ist die Zugeinrichtung für verschiedene Anhänge- oder Anbaumaschinen. Ein Einzwecktraktor mit Anbaugerät in verschweißtem Dreipunktgestänge wurde dadurch zur Arbeitsmaschine und blieb ohne Bügel. Umgekehrt ging es auch, ein Radlader mit Zugmaul wurde durch das Zugmaul zum Schlepper und brauchte einen Bügel. Schlepper mit fest aufgebauten Geräten wie Schwenkbagger oder Gabelstaplereinrichtung benötigten keinen Bügel, wenn sie hoch genug waren. Sie sehen, es gab in diesen Zeiten genügend Gesprächsstoff auf den Bauernhöfen.

Der Umsturzschutz 1970 für neue Schlepper

Ab 1970 rollten die Schlepper mit Umsturzschutz durch das Werkstor. Die Art des Aufbaus war nicht vorgeschrieben, weil die Unfallverhütungsvorschrift nur ein Schutzziel angab. Die Eignung der Schutzlösung konnte durch praktische Umstürze nach mehreren Seiten mit demselben Schutz oder durch Labortest nach OECD nachgewiesen werden. Natürlich wurde die OECD-Empfehlung in Deutschland herangezogen – aber erweitert. Wie zuvor beschrieben, sah man den Mehrfachüberschlag des Bügelschleppers sehr kritisch. Die Anschnallpflicht hielt man zu Recht für praxisfremd. Je höher der Schutz gebaut ist, desto geringer ist die Weiterrollgefahr. Das Neigungsmaß eines Seitenhangs von 1:2,5 (entsprechend etwa 22°) war ein Kompromiss zwischen zu hohen Schlepperbügeln und allzu leichtem Weiterrollen. Alle Schlepper, auch die laborgeprüften, wurden an diesem Normhang überprüft. Damit war zweierlei erreicht: Die meisten Unfälle enden als einfacher Seitenumsturz, bei dem der Traktor schon liegt, wenn der Fahrer vom Sitz fällt. Zusätzliche Belastungen des Bügels durch Mehrfachüberschläge fallen weg. Gerade der zweite oder dritte Überschlag, wenn der Schlepper hoch durch die Luft wirbelt, belasten den Schutzbügel besonders. Dies hatte man bei Versuchen beobachtet. Standardschlepper erhielten üblicherweise eine Rahmenkrone, die durch vier Rohrpfosten gestützt war. Auf diese Weise ließ sich das Weiterrollen am besten unterbinden.

Die Schlepper gerieten durch die Forderung des „definierten Weiterrollverhaltens" mindestens 2,20 m, PS-starke Maschinen 2,70 m bis 2,90 m hoch. Die Höhe von Stalleinfahrten, Garagen und Schuppen reichte in vielen Betrieben nicht mehr. In der Eifel, dem Hunsrück und anderen Mittelgebirgsgegenden bewirtschaften die Bauern Streuobstwiesen. Die neuen Traktoren passten nicht mehr unter die Bäume. Das Obst, meist Äpfel, wurde zu Most, Apfelwein oder zu Schnaps für den Eigenbedarf verarbeitet – dies aufgeben? Nie, lieber den Bügel runter! Bei den Berufsgenossenschaften hagelte es Anträge auf Sondergenehmigungen. Jeder einzelne Antrag musste vor Ort überprüft und dann klagefest

Fiat 540 und 640

bearbeitet werden. Ein erheblicher Arbeitsaufwand. Am Ende fand sich immer ein Weg, denn die Landwirte rechneten selbst nicht mehr mit kleinen Schleppern und bauten um. Bügelkürzungen um 10 bis 15 cm halfen oft. Nach kurzer Zeit bot die Firma Mauser, Österreich, Niedrigkabinen an und prompt ließen deutsche Firmen niedrige Kabinen in Österreich prüfen. Dort forderte man nicht das "definierte Weiterrollverhalten". Auf Antrag konnten auch hier diese Kabinen aufgebaut werden.

Niedrigkabinen waren beliebt. Der Schlepper wurde nur 70 cm höher

Aus dieser Zeit datiert auch der einzige Fall, von dem ich als Unfallverhüter mit Bestimmtheit sagen kann: "Hier habe ich einen Todesfall verhindert". Ein Bauer, der mit seinem neuen Schlepper nur noch auf die Scheunentenne fahren konnte, alle anderen Tore waren zu niedrig, hatte den Schutzrahmen abgebaut und fuhr "oben ohne". Er weigerte sich beharrlich, den Rahmen wieder draufzusetzen. Nach langem Hin und Her ließ er sich überreden und entschloss sich zum Umbau der Gebäude. Vorher kam aber der Schutz wieder an seinen Platz.

Keine Woche später stürzte der Schlepper kopfüber in einen Bach. Der Bauer kroch pudelnass, aber fast unverletzt, an Land. Ohne Bügel wäre er, wie er sagte: "platt wie ´ne Maus gewesen oder ersoffen". Der Vergleich der alten Jagdmethode auf Mäuse in der Landwirtschaft mit der großen Kornschaufel auf dem Getreidespeicher ist zwar makaber, aber beim Schlepperumsturz ohne Bügel leider nicht weit hergeholt. Der Erfolg der Sicherheitsrahmen war durch-

Man ahmte im Labor die Bügelbelastung nach: 1. rückwärtiger Umsturz; Schlag von hinten, Druck auf das hintere Bügelteil, Schlag von vorn

2. seitlicher Umsturz (mit gleichem Schutz); kräftiger Schlag von der Seite, Druck von oben mit doppeltem Schleppergewicht

Fendt hatte die Kotflügel frühzeitig für den Schutzaufbau vorbereitet und baute auch eigene Schutzrahmen

Seitlich umstürzender Schlepper (links) und rückwärts umstürzender Schlepper (rechts)

Beim seitlich umstürzenden Schlepper kippt der Schlepper am Hang über die Linie Schlepperaufstandsfläche Hinterrad/Vorderachsmittelbolzen weg. Der Rahmen trifft auf den Boden und bekommt seitlichen Druck. Das Rohr dringt bis zu 20 cm in den Wiesenboden ein. Der Schlepper hat eine Rollengeschwindigkeit, die vom Boden abgebremst wird. Daher erhält der Rahmen starken Druck von „oben". Der Schlepper wälzt sich über Rahmen und Kühler weg und wegen des geringen Kühlerumfangs in den Hang hinein. Die nächste halbe Umdrehung vom Rahmen herab dreht die Maschine meistens in der Luft. Der Schlepper landet dann auf einem Hinterrad und springt weg wie ein Gummiball. Das Vorderteil wirbelt hoch durch die Luft. Der folgende Bügelaufschlag ist sehr hart.

Der rückwärtige Umsturz ist zwar spektakulärer, aber die Rahmenbelastung ist gegenüber dem Seitenumsturz entschieden geringer. Wenn das hintere Rahmenrohr auf den Boden auftrifft, befindet sich der Schlepperschwerpunkt schon hoch in der Luft und fast über dem Bügel. Der Schlepper wälzt sich auf das vordere Rahmenrohr und kracht dann mit lautem Knall auf den Kühler.

Ein Sicherheitsrahmen und viel Glück rettete den beiden Insassen dieses Schleppers das Leben. Der Schlepper stürzte an einem Abhang über 60 m weit ab: Totalschaden beim Schlepper – die Passagiere blieben unverletzt

schlagend. Bereits 1970 wurden gegenüber dem Vorjahr weniger Todesfälle gemeldet. Für 1973 sank die Zahl von vormals 200 auf 119, und dies obwohl erst 14 Prozent der Schlepper mit Umsturzschutzvorrichtungen ausgerüstet waren. Damit hatte niemand gerechnet.

Der Umsturzschutz im Unimog

Der Unimog nimmt eine Sonderstellung ein. Einmal liegt der Schwerpunkt günstig tief, die Fahrzeugfederung wird kurz vor dem Kippen stark zusammengepresst und legt den Schwerpunkt noch tiefer, die Maschine kippt gleichzeitig über die hangunteren Räder weg und schlägt dann vollflächig mit Ladepritsche und Fahrerhaus auf. Das Ganzstahlfahrerhaus erfüllte die Sicherheitsanforderungen und für das Cabrio war lediglich ein leichter Rohrbügel nötig. Die Prüfvorschrift wurde damit erfüllt.

Der Unimog-Bügel erfüllte die Vorschrift, er war sehr leicht

Die Firma Eller lieferte ein Hardtop, das aus zwei miteinander verklebten Schalen aus GFK bestand. Es war als Umsturzschutz zugelassen

Werner-Bügel: Forstunternehmen beugten vor, sie orderten Zusatzbügel. Nach einem Umsturz blieben die Reparaturrechnungen klein

Der Werner-Uniknick war werksseitig mit einem kapitalen Bügel versehen, der Mensch und Maschine schützen sollte

Der Umsturzschutz für Schmalspurschlepper

Wie alle anderen Schlepper erhielten neue Schmalspurschlepper ab Baujahr 1970 auch einen Umsturzschutz. Natürlich kippt ein schmaler Schlepper leichter um als ein breiterer, die Gefahr darunter zu geraten, ist jedoch geringer. Zum normalen Schlepper bestehen einige Unterschiede. In der Landwirtschaft müssen die Kulturen wie zum Beispiel Kartoffeldämme unter den Schlepper passen. Dort brauchen wir Bodenfreiheit. Mit der Schmalspurmaschine arbeitet man zwischen und unter den Kulturen. Die Bodenfreiheit wird so gering wie möglich gehalten, der Schwerpunkt liegt tief. Die Maschine ist dazu noch höher als breit und bleibt nach einem Sturz meist auf der Seite liegen. Überschläge, insbesondere Überschläge in Kulturen, waren auch ohne Bügel selten. Während der Bügel auf dem Feld keine Probleme bereitet, kann ein Bügel zwischen Rebzeilen, in Obstbaumkulturen oder in Hopfengärten die Ar-

Schmalspurschlepper mit Schutzrahmen

In der Kultur wird der Bügel zusammen geschoben

Schmalspurschlepper arbeiten zwischen und unter den Kulturen

Bereit für die Arbeit in der Kultur

beit fast unmöglich machen. Die Schutzeinrichtung muss deshalb klappbar oder zusammenschiebbar sein. Außerhalb der Anlagen, auf Wegen und dem Betriebsgelände müssen die Bügel in Schutzstellung geklappt werden. Wie alle Betriebsvorschriften, so ist auch diese problematisch – sie wird häufig vergessen. Das "definierte Weiterrollverhalten", wie bei Normalschleppern vorgeschrieben, gilt hier ebenfalls. Am leichtesten ist ein seitliches Weiterrollen des Schleppers zu verhindern, wenn der Schutzbügel über dem Schwerpunkt angebaut ist. Der Schwerpunkt liegt normalerweise im Bereich der Kupplungsglocke. Wegen der kurzen gedrungenen Bauweise der Traktoren erfüllt ein Bügel vor dem Fahrer, über dem Schwerpunkt, die Schutzforderung für den rückwärtigen Überschlag.

Renault-Schlepper mit Schutzrahmen

Vom Schutzrahmen zur Kabine

Kaum ein Bauteil sollte das Aussehen des Schleppers mehr beeinflussen als der Sicherheitsrahmen. Bis 1970 konnten nur wenige Kabinenschlepper und kurz danach nur noch wenige offene Schlepper abgesetzt werden. Die ersten Schutzrahmen wurden zusätzlich auf die Schlepper gesetzt, mit eigenem Unterbau unter den Kotflügeln. Hauptsächlich wegen des Schlepperexportes blieben zunächst die Kotflügel mit ihren Halterungen unangetastet.

Die Kotflügelhalterungen waren schon immer ein empfindliches Bauteil. Auf relativ kleinem Anbauraum an der Halbachse stand der Kotflügel frei und war den Schwingungen von Fahrbahn und Motor ausgesetzt. Die Halterungen waren sehr sorgfältig durchkonstruiert. Trotzdem hatten die Firmen immer wieder mit Schwingungsbrüchen bei einzelnen Typen zu kämpfen. Vielleicht hatte auch ihr Oldie, als sie ihn kauften, abgerostete/abvibrierte Kotflügel.

Deutz mit Sonnendach

Die als Sonderausrüstung angebotenen Verdecke hatten Bauteile, die neben dem Schutzrahmen herliefen. Auch hier waren Teile zusammenfassbar. Der Kotflügel eine Einheit, der Rahmen eine Einheit, das Verdeck eine Einheit, das war teuer in der Produktion. Es lag nahe, leichte Kotflügel an den kräftigen Unterbau des Schutzrahmens zu hängen, und den Rahmen selbst als Kabinengrundgestell auszubilden. Das tat man auch. Manche Schlepper sahen aus, als wären sie nicht fertiggebaut. Andere erhielten ein Sonnendach und machten damit wieder eine gute Figur.

Oh, Werbung, wie hast du dich verändert.

Der Preisabstand zwischen offenem Schlepper und Verdeckschlepper schmolz zusammen. Die Vollkabine war vorprogrammiert. Weitere Preisvorteile von serienmäßigen Kabinenschleppern waren absehbar. Die elektrischen Bauteile am Fahrerplatz einschließlich der EHR (elektronische Hydraulikregelung), der Fahrersitzunterbau, selbt der Sitzbezug brauchten in einer Kabine nicht mehr wetterfest zu sein. Der von der EU vorgeschriebene Lärmschutz für den Fahrer machte auch erhebliche Probleme.

All diese Aspekte gaben dem offenen Schlepper den Todesstoß. Aus schwingungstechnischen Gründen trennte man den Fahrerplatz vom übrigen Schlepper. Eine Fahrerplattform als Basis für eine Schutzkabine nebst drangehängten Kotflügeln ist heute Standard. Alles zusammen ist über schwingungshemmende Gummielemente am Getriebe und den Achstrichtern befestigt.

Ein Entwicklungsschritt fehlt immer noch, eine serienmäßige Druckluftbremsanlage. Der mechanische Handbremshebel und die mechanische Getriebeschaltung könnten, wie im LKW-Bau üblich, durch die gestängelose Handbremse und Druckluftschaltung ersetzt werden. Dann käme auch die voll kippbare Kabine. Den Landmaschinenmechaniker würde es freuen, und das Portemonnaie des Bauern auch.

Wo wir gerade vom Geld reden, 1982 schrieb ein Redakteur in einer landwirtschaftlichen Zeitung: "Wer bereit ist, bis zu 10 000 DM und mehr für eine Kabine...". Wie hatte sich die Zeit geändert? Vor einigen Jahren saß man aus Geiz noch auf einer Art Bratpfanne, 400 DM für einen vernünftigen Sitz waren zu viel, und nun wurden 10 000 DM aufgerufen.

Nachrüstaktion 1970 bis 1976

Wie nicht anders zu erwarten, lief in den ersten Jahren bis 1973 nichts, zumindest nichts sehenswertes, das heisst nachgerüstete Schlepper. Im Untergrund rumorte es jedoch kräftig. Wenn ein ganzer Berufsstand betroffen ist, ist die ganze Meinungsvielfalt vertreten. Diejenigen, die dagegen waren, suchten und fanden auch Fürsprecher. Der Bauernverband war eingebunden, er opponierte nicht (na ja, nicht scharf und nur zu einzelnen Punkten). Aber einige Vertreter des Verbandes und Politiker sahen Aufgaben als Interessenvertreter.

Die Herren Bedenkenträger marschierten reihenweise auf: "Soll überhaupt nachgerüstet werden, die Unfallzahlen sinken doch? Sollen die Uraltmaschinen vor Baujahr 1962 nachgerüstet werden? Wer kümmert sich um die Schlepper, deren Hersteller wie

Je schneller angefahren wird, desto kräftiger ist die Kabinenbelastung beim Umsturz (ganz oben). John Deere lieferte den einzigen nach OECD-Test geprüften Bügel. Dieser fiel erheblich kräftiger aus als unsere Nachrüstbügel (oben). Obwohl die Kabine zusammengedrückt ist, blieb der Fahrer unverletzt. Der Schlepper fuhr mit etwa 15 km/h auf eine Querstraße zu. Die Lenkung blockierte beim Einbiegen. Der Schlepper fuhr in die gegenüberliegende Böschung und kippte um. Der angehängte, beladene Einachser schob kräftig nach (unten).

Güldner und Normag, nicht mehr bestehen? Die Frist is zu kurz. Wer soll das bezahlen?"

Die Berufsgenossenschaften hatten, bildlich gesprochen, immer wieder heftige Brände zu löschen, um einen Flächenbrand zu verhindern. Die Aktion stand mehr als ein Mal auf der Kippe.

Dann schoss noch das Verkehrsministerium quer und erklärte den Sicherheitsbügel zum Bestandteil des Schleppers. Bisher hatte man ihn, wie das Verdeck, als Zubehör angesehen. Mit dem Anbau des Bügels "als Bestandteil" erlosch automatisch die Betriebserlaubnis des Schleppers. Das hieß: Bügel anbauen, sofort Fahrt zum TÜV (mit roter Nummer), mit dem Gutachten zur Zulassungsstelle und den Bügel in den Fahrzeugbrief eintragen lassen. Und dies bei der bekannten Abneigung der Bauern gegen jeden Papierkrieg.

Den Berufsgenossenschaften standen die Haare zu Berge: Insgesamt wohl 100 DM Gebühren und Kosten – einen Haufen Lauferei – für nichts! Es wurde schwer, den Landwirten die Nachrüstaktion zu erklären und ihnen dies aufgezwungene Verfahren schmackhaft zu machen. "Das mit dem Bügel sehe ich zur Not noch ein, aber extra zum TÜV und zur Zulassung – lasst mich damit zufrieden!" Der Verkehrsminister sah die Schleppergesamthöhe auf Dauer verändert, unter Umständen könne der Fahrer durch den Bügelanbau in seiner freien Sicht und bei der Bedienung des Fahrzeuges behindert sein. Formale Gründe, oder anders ausgedrückt, wenn sich in einem Fahrzeugbereich Wesentliches tut, will der Staat seine Finger drin haben. Verhandlungen zur Abschaffung des Verfahrens liefen an und sie zogen sich endlos hin.

Bis zu diesem Zeitpunkt war die Beratung für die Bügelherstellung auch in Richtung Landmaschinenhandwerk gelaufen. Die großen Mengen der Bügel für Großserienschlepper würden von bekannten Firmen wie Fritzmeier, Peko oder Dietek geliefert und örtliche Handwerker würden, entsprechend ihrem Kundenstamm, Bügel für seltene Schleppertypen wie Nordtrak, Deuliwag oder Alpenland bauen.

So war es gedacht, doch das war jetzt vorbei. Es blieb nur noch der Weg über die Massenfertigung nach Mustergutachten offen. Die Handwerker waren rauss, beziehungsweise nur über teure Einzelgutachten für Einzelanfertigung einzubinden. Das brachte wieder Wasser auf die Mühlen der Kritiker. 1971 hatten die Berufsgenossenschaften Professor Söhne von der TU München beauftragt, ein Rechenschema für

Das Mitfahren auf Verdeckschleppern war oft eine Zumutung. Die Firma Aigner bot zusätzlich zu ihrem Schutzrahmen abnehmbare Zusatzsitze an, die die Beifahrersitzhöhe etwa bis in Fahrersitzhöhe herabsetzte. Im Stützrohr des Sitzes war sogar eine Federung eingebaut.

Nachrüstrahmen im Eigenbau

die Bügelberechnung zu entwickeln. Über 130 offizielle Umsturzversuche bei der Prüfung der Neuschlepper hatten Erfahrungen gebracht, die für die Nachrüstung genutzt werden konnten.

Das Gutachten wurde 1973 fertig und Anfang 1974 veröffentlicht. Das brachte wieder die notwendige Bewegungsfreiheit. Hatte man bisher Nachrüstbügel nur durch zerstörenden Umsturzversuch als Grundlage für einen Serienbau beurteilen können, war nun die Berechnung für einen einzelnen Schlepperbügel möglich. Seltene Schlepper konnten ihren Bügel bekommen. Auf das Weiterrollverhalten des Schleppers hatte man beim Rechenverfahren keinen Einfluss mehr. Man gab die Forderung für Nachrüstbügel auf.

Nachrüst-Schutzrahmen

Die Bügelhöhe wurde nur durch die StVZO bestimmt und die sagte: Abstand unbelasteter Sitz/Bügelunterkante mindestens 92 cm. Dieses Maß werden wir nachher beim Bügelentwurf für Bügel auf Hobyschleppern noch benötigen.

Das Rechenschema vereinfachte die Sache wesentlich und neben den bekannten Spezialfirmen wie Fritzmeier, Peko usw. stiegen weitere Firmen in das Geschäft ein.

Eine der erfolgreichsten wurde die Firma Binger-Seilzug aus Bingen am Rhein. Der Eigentümer Pieroth hatte seit Anfang der 50er Jahre für die Winzer Weinbergsseilwinden an Normalspurschlepper gebaut. Dazu hatte er die Zeichnungen der Schleppergetriebe benötigt. Man wirft ja nichts weg, die Zeichnungen waren alle noch da. Eine unschätzbare Fundgrube für den Bügelanbau an die Achstrichter. Stolz konnte man verkünden, für nahezu alle

Unfallschutzprüfung eines Sicherheitsrahmens 1974

Der Schlepper vor dem Versuch

Der Schlepper wird am Hang 1:2,5 nach rechts gestürzt

Der Schlepper bleibt liegen und beim Umsturz 1:2 ...

... nach links bleibt der Schlepper ebenfalls liegen.

Er wird nun über die Umsturzvorrichtung abgewälzt

Der Schlepper ist wieder aufgestellt. Die Schutzvorrichtung hat sich leicht nach links verschoben

Erst 1974 kamen die Zweipfoster auf den Markt

Altschleppertypen liefern zu können. Dazu gehörten ausgefallene Typen wie Eugra, Gutter, Kekel oder Sendling.

Neun Firmen, darunter die Fran'schen Eisenwerke, Dillenburg; Sirocco, Kleve; Trischler, Aschaffenburg nahmen Lizenzen von Binger-Seilzug. Hatten einige Berufsgenossenschaften noch 1973/74 das lahm anlaufende Nachrüsten durch Zuschüsse anregen wollen, wurde 1975 vom Handel zur Jagd geblasen. Landmaschinenhändler stellten teilweise extra Verkäufer nur für das Nachrüstgeschäft ein. Der Bügelpreis stieg rasant. Anfang 1974 waren noch etwa 320 DM zu zahlen, Mitte 1975 lag der Preis zwischen 445 und 680 DM, im Schnitt bei 500 DM.

Rechnen wir mal: Pro Bügel 500 DM, plus Anbau, plus Steuer (etwa 150 DM) macht pro Schlepper rund 650 DM und etwa 1 100 000 Schlepper standen zur Debatte (die genaue Zahl ist nicht bekannt). Die Landwirte hat die Aktion grob umrissen mehr als 700 Millionen DM gekostet. Eine gewaltige Anstrengung, auch von Industrie und Handwerk, aber es standen zu viele Leben auf dem Spiel.

Bei so viel Geld ist Druck im Kessel, bei den ja nicht geringen Handelsspannen, sehr viel Druck. Sogar der Ernährungsausschuss des Bundestages schaltete sich ein und sprach sich für eine Fristverlängerung aus. Die Arbeit der Berufsgenossenschaft

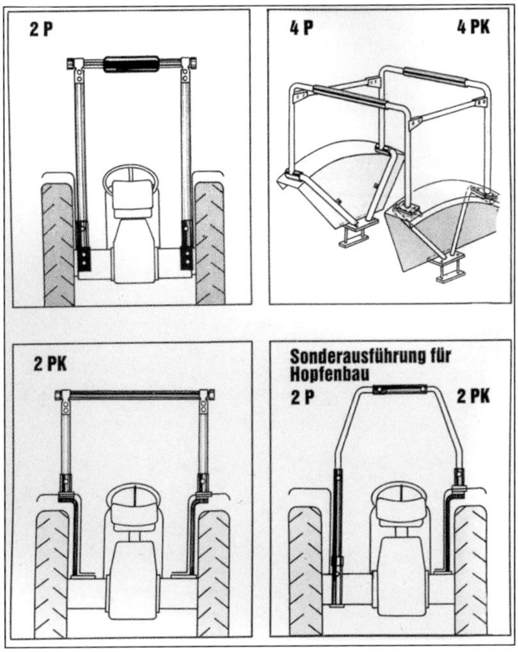

Nachrüstmöglichkeiten

ging den Ausschuss zwar nichts an, aber der Beschluss wirkte hemmend. Mitte 1976, einem halben Jahr vor Ablauf der Frist, musste gezwungenermaßen diskutiert werden, ob Schlepper vor Baujahr 1962 nicht doch ohne Bügel weiterfahren dürfen.

Diese Ausführung eignet sich für alle Schleppertypen, auch für solche, die bereits ein Verdeck besitzen

Um die Regelung des Verkehrsministeriums (TÜV-Abnahme usw.) kümmerte sich kaum jemand. "Erst einmal die Aktion durchziehen, den Rest sehen wir danach. Es wird ja noch verhandelt", war die stillschweigende Devise. Man überging sie einfach, auch der TÜV zog sich auf eine Wartestellung zurück. Bei den regelmäßigen § 29-Abnahmen gab es mit und ohne Bügel den Stempel auf das Nummernschild. Durch die ständigen Verhandlungen mit dem Ministerium wurden erst Erleichterungen zugestanden und endlich, Mitte 1976 kippte die Regelung – von der Masse überrollt. Bügel (richtige Serienbügel mit Typengutachten) brauchten nicht mehr abgenommen und in die Papiere eingetragen werden. Ein Feigenblatt, um das Gesicht zu wahren. Kein Bauer hielt die Kopie eines Gutachtens in Händen, und es war unklar, ob die Bügelhersteller für alle angebotenen Bügel Gutachten besaßen. Um die vielen Bügel, die bestimmt kein Gutachten hatten (Eigenbauten; von einem Schleppertyp für einen anderen umgebaut; von Handwerkern gebaute Bügel) kümmerte sich keiner. Bloß nicht dran rühren, Hauptsache die Bügel sind drauf.

Das Problem "Ich komme nicht mehr in die Stalleinfahrt, ich brauche eine Ausnahme" trat verschärft auf. Klappbügel mussten (alle einzeln – mit Überprüfung) genehmigt werden. Auch Bügeleinkürzungen wurden zugelassen. Die Bügelunterkante brauchte nur noch 80 cm über dem Sitz zu liegen, jetzt sogar über dem belasteten Sitz. Ein eingekürzter Bügel erfüllt seine Aufgabe immer noch sicherer als ein 92 cm hoher Klappbügel entsprechend STVZO, der erfahrungsgemäß die halbe Zeit herabgeklappt blieb.

Wer nun den Eindruck gewonnen hatte: "Die musste man nur mit Arbeit zuschütten, dann genehmigten die alles", lag völlig falsch. 80 cm Bügelhöhe über dem Sitz gewährleisteten noch genügend Kopffreiheit. Bei geringerer Höhe kam eine neue Gefahr. Ein Bauer hatte von sich aus den Bügel sehr weit abgesägt, um in eine Einfahrt zu kommen. Es blieb eine bessere Nackenstütze übrig. Beim Durchfahren der Einfahrt zog er nicht rechtzeitig den Kopf ein. Er geriet zwischen Türsturz und Bügel.

Wer die "80 cm über belastetem Sitz" auch mit wippen auf dem Sitz nicht hinbekam, durfte den Bügel nicht einkürzen. Er konnte noch einen Klappbügelantrag stellen. Für jeden faulen Holzschuppen wurde der aber nicht genehmigt. Das Ziel, funktionsfähiger Umsturzschutz, blieb nicht auf der Strecke. Natürlich wurde die Nachrüstaktion zum Stichtag 31. Dezember 1976 nicht abgeschlossen. Etwa 300 000 Zugmaschinen von einstmals 1,1 Millionen fuhren noch "oben ohne", viele bis Anfang 1978, einige wenige bis heute. Ja, und die Unfallzahlen sanken weiter. Bis auf fünf Todesfälle, dem niedrigsten Stand überhaupt.

Der Klappbügel

Im Obstbau, im Hopfenbau, in Spezialbetrieben mit Unterglaskulturen kamen und kommen die Landwirte auch heute noch nicht mit Bügel oder Kabine

Der erste Versuch eines Klappbügels

Klappbügel müssen leicht bedienbar sein

Auch Klappbügel wurden geprüft

Das Klappbügelgelenk wird so hoch wie möglich eingebaut

Klappbügel für den Obstbau

auf Normalschleppern zurecht. Dafür gibt es den Klappbügel. Es ist ein Notbehelf, denn sie sind meist runtergeklappt. Ein Schutz gekauft, aber ohne Wirkung. Damit wenigstens etwas von der Funktion erhalten bleibt, wird das Gelenk so hoch wie möglich eingesetzt.

Ein Schutzbügel für Hobbyschlepper

Jeder darf Bügel bauen. Wenn Landwirte noch Bügel bauen wollten, sie dürften das und sie durften es auch 1976.

Im Hobbybereich ist der Bügel nicht vorgeschrieben. Alles was Sie tun, ist mehr als Sie müssen.

Gefahrensituationen wie beim Verladen der Hobbyschlepper

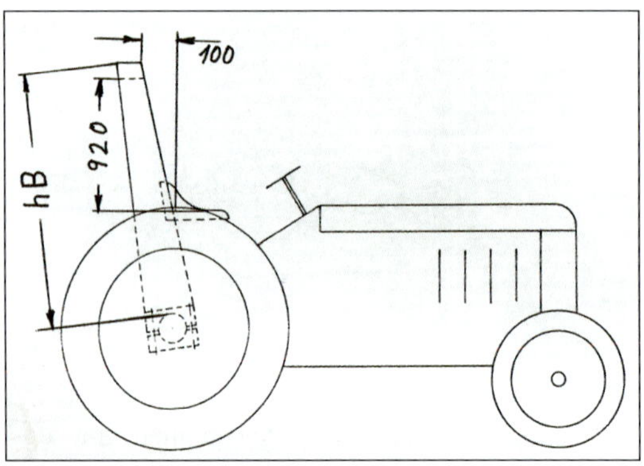

Schlepper mit Bügelmaßen

Angenommen, Sie bauen einen Bügel aus Holz und erklären dies zum Umsturzschutz, dann ist das einer! Das wäre natürlich Quatsch, soll aber verdeutlichen, dass Sie tun und lassen können, was Sie wollen.

Sie haben einen Schlepper mit Verdeck und wollen keinen Bügel bauen? Verbinden Sie die Verdeckkonsolen auf den Kotflügeln mit einem kräftigen Rohrbügel. Sie haben dann ein umsturzgesichertes (kein umsturzsicheres) Verdeck, wie es die Firmen Anfang der 60er Jahre anboten.

Schutzbügel sind Schweißkonstruktionen. Handwerkliche Fähigkeiten und gute Schweißkenntnisse sollen zum Bau vorhanden sein. Ein Schweißerpass ist nicht nötig.

Die Bügelhöhe wird ermittelt

Die Bügelunterkante liegt nach STVZO 92 cm über dem K-Punkt bei unbelastetem Sitz. Viele Schlepper in der Landwirtschaft fahren mit dem Maß 80 cm zwischen K-Punkt und Bügelunterkante bei belastetem Sitz. Wenn Sie sitzen, finden Sie den K-Punkt genau dort, wo Ihr Gesäß ist. Die Bügelvorderkante muss mindestens 10 cm hinter der Senkrechten über dem K-Punkt liegen.

hB m	Gewicht Kg	W erf cm^3 B = 1,2 m	W erf cm^3 B ab 1,3 m
	1000	7,14	6,49
	1250	8,11	7,37
	1500	9,09	8,26
1,4	1750	10,06	9,15
	2000	11,04	10,03
	2250	12,01	10,92
	2500	12,98	11,8
	1000	7,83	7,11
	1250	8,89	8,09
	1500	9,96	9,06
1,5	1750	11,o3	10,03
	2000	12,10	11,0
	2250	13,17	11,97
	2500	14,23	12,94
	1000	8,51	7,74
	1250	9,68	8,80
	1500	10,84	9,85
1,6	1750	12,0	10,91
	2000	13,16	11,96
	2250	14,32	13,02
	2500	15,48	14,08
	1000	9,2	8,36
	1250	10,46	9,51
	1500	11,71	10,65
1,7	1750	12,97	11,79
	2000	14,22	12,93
	2250	15,48	14,07
	2500	16,73	15,21

Tabelle 1

Vierkantrohr Außenmaße mm	Wandstärke mm	W cm³	Preis € / m
40 x 40	4	6,05	6,0
50 x 50	2,9	7,94	5,70
	4	10,1	7,60
	5	11,8	9,25
80 x 40	2,9	8,83	7,00
	4	11,3	9,30
	5	13,1	11,80
	6,3	15,0	14,00
90 x 50	3,2	14,2	8,40
	4	16,9	11,00

Tabelle 2

Vollmaterial -rund- mm	W cm
20	0,78
25	1,53
30	2,65
35	4,20
40	6,28
45	8,94
50	12,27

Vollmaterial -vierkant- mm x mm	W cm
20 x 20	1,33
25 x 25	2,60
30 x 30	4,50
35 x 35	7,14
40 x 40	10,60

Tabelle 4
Tabelle 5 (links)

Der Schutzbügel wird entworfen – die Baubedingungen

Der Bügel wird nach der "Anleitung für die Nachrüstung von Ackerschleppern mit Umsturzschutzvorrichtungen" der landwirtschaftlichen Berufsgenossenschaften aus dem Jahr 1974 entworfen. Mit der Bauanleitung können alle möglichen Bügelkonstruktionen berechnet werden. Diese Rechenwege in allen Möglichkeiten hier zu erläutern, würde den Rahmen sprengen. Es ist aber auch nicht nötig.

Rundrohr Durchmesser mm	Wandstärke mm	W cm³	Preis € / m
42,4	4	4,2	6,-
	5	4,93	7,30
48,3	2,9	4,43	4,60
	4	5,70	6,15
	5	6,69	7,60
	6,3	7,76	9,20
	8	8,85	12,85
	10	9,80	17,60
54,0	4	7,3	7,90
	5	8,64	9,75
	6,3	10,11	11,90
	8	11,76	16,00
	10	13,00	22,00
60,3	3,6	8,68	7,10
	4	9,34	7,70
	6,3	13,1	12,75
	10	17,20	21,50

Tabelle 3

Wir wollen einen und nicht tausende von Bügeln bauen. Die Konstruktion soll einfach sein, auch wenn dadurch das Material um ein paar Euro teurer wird. Ob Sie einen Bügel auf die Kotflügel (K-Bügel) oder einen Normalbügel bauen, bleibt Ihnen überlassen. Der K-Bügel benötigt einen aufwendigeren Kotflügelunterbau, aber die Mitfahrgelegenheit auf dem Schlepper bleibt meist besser erhalten.

Der Bügelentwurf berücksichtigt:

1. Schleppergewicht bis 2500 kg
2. Der Bügel muss auf der Achse befestigt sein
3. Der Bügel besteht aus zwei Pfosten und einem oberen Querrohr
4. Die Kotflügel sind in Ordnung und tragen mit
5. Bügel und Kotflügel werden mit einer Schelle verbunden
6. Die Schlepperbreite, bzw. die Bügelbreite, bzw. die Querrohrlänge beträgt mindestens 1,2 m

Ein Nachrüstrahmen aus der Anfangszeit. Der Hersteller rechnete nur mit Seitendruck beim Umsturz. Er zog die voderen Stützen in einem Bogen zur Rahmenkrone. Der große Druck auf die Rahmenkrone nach dem Aufschlag ließ das vorgebogene Rohr wegknicken. Bügelrohre dürfen nicht vorgebogen werden oder die Biegestelle ist entsprechend zu verstärken.

7. Der Bügel ist höchstens 1,7 m hoch
8. Der Bügel muss im unteren Teil (Konsole) 20 cm hoch verstärkt werden

Wenn Sie diese Bedingungen einhalten, können Sie das Bügelmaterial direkt aus den Tabellen 2 bis 5 aussuchen. In den Tabellen finden Sie das Kürzel "W".

Das Widerstandsmoment

Das Widerstandsmoment ist der Name für die Biegefestigkeit von Materialien mit dem Kürzel "W". Hier sind es Stahlprofile. "Widerstand" hat etwas mit Festigkeit und "Moment" nicht unbedingt etwas mit Drehmoment zu tun. "W" wird in cm^3 ausgedrückt. Dies hat nichts mit einem Inhalt, wie 1000 cm^3= 1 Ltr., zu tun. "W in cm^3" nehmen wir einfach mal hin.

Beispiel 1:

In Tabelle 3 finden wir Rundrohr 42,4 mm Außendurchmesser mit 4 mm Wandstärke (W=4,2 cm^3). In Tabelle 4 finden wir rundes Vollmaterial mit dem Durchmesser von 35 mm (W = 4,2 cm^3). Beide Profile unterscheiden sich, sind aber gegen Biegen gleich fest. Wir können wählen, welches Material wir einsetzen und wir haben ein Maß für die Festigkeit des Bügels.

Beispiel 2:

In Tabelle 5 finden wir Vierkantvollmaterial 30 mm x 30 mm (W = 4,5 cm^3). Werden von diesem Profil hinter dem Kotflügel in Fahrtrichtung zwei Stück voreinander gestellt, erreicht man auch zweimal die Festigkeit 2 x 4,5 cm^3 = 9 cm^3. Die Werte W können zusammengezählt werden. W = 9 cm^3 reicht uns nicht? Gut, stellen wir drei oder vier Eisen voreinander, und schon haben wir W = 13,5 cm^3 oder W = 18 cm^3 und Festigkeit satt. Natürlich sind die Profile gut an der Achse zu befestigen, um ihre Festigkeit übertragen zu können.

Beispiel 3:

In Tabelle 3 finden wir das Rohr 42,4 x 5 mm (W = 4,93 cm^3) und das Rohr 54 x 5 mm (W = 8,64 cm^3). Diese Rohre stecken wir ineinander. Die Biegeachse ist für beide Rohre gleich, und wir können die Einzelfestigkeiten zu einer Gesamtfestigkeit von W = 13,57 cm^3 zusammenzählen. Die Biegefestigkeit von Rechteckrohren ist nicht über beide Kanten gleich. Über die hohe Kante, nennen wir sie XX, ist das Rohr fester als über die flache Kante, die wir YY nennen. Rechteckrohre haben demnach ein WX und ein WY. Quadratische und runde Materialien sind von der X- und von der Y-Seite her gleich belastbar. WX und WY sind gleich, nennen wir es einfach W. Die Festigkeitswerte, sprich die Widerstandsmomente W, WX und WY finden wir auch in Eisentabellen. Ein guter Stahlhändler kann damit dienen. Beim Konstruieren baut man Stahl so ein, dass er Belastungen den meisten Widerstand entgegensetzt, es sei denn, man hat keinen Platz. Ein Bügel aus Rechteckrohr hindert beim Aufsteigen auf den Schlepper, wenn das Rohr quer steht. Es wird längs eingebaut. Der Druck beim Umsturz kommt von der Seite und biegt das Rohr über die Linie YY. Wir verschenken Widerstandsmoment, aber es geht nicht anders. In den Tabellen ist nur das entsprechende W für längs eingebaute Rechteckrohre aufgeführt.

Die Bügelrohre werden ausgewählt

Beispiel 4:

Der Schlepper wiegt 1650 kg; der Bügel kann 1,65 m breit gebaut sein; die Bügelhöhe ist von Achsoberkante bis Bügeloberkante 1,45 m. Wir gehen in die Tabelle 1 und dort auf die Bügelhöhe hB = 1,5 m, von dort auf das Schleppergewicht G = 1750 kg und zuletzt auf die Bügelbreite B = 1,3 m und finden den Wert W = 10,03 cm^3. Das Widerstandsmoment des Bügelrohres muss W = 10,03 cm^3 betragen. W kleiner geht nicht, der Bügel wäre zu schwach; W größer ist gut, der Bügel hält. Mit W = 10,03 cm^3 gehen wir in die Stahltabellen. In der Tabelle 2 finden wir das zum Wert W passende Rechteckrohr 50 x 50 x 4 mm (W = 10,1 cm^3) zu ca. 7,60 EUR pro Meter; 80 x 40 x 4 mm (W = 11,3 cm^3) zu ca. 9,30 EUR pro Meter und in der Tabelle 3 finden wir das zum Wert W passende Rundrohr 54 x 6,3 mm (W = 10,11 cm^3) zu ca. 11,90 EUR pro Meter. Eines der Rohre können wir für den Bügel wählen. Das vorhandene W ist jeweils größer als das notwendige W.

Beispiel 5:

Der Schlepper wiegt 2440 kg; er hat ein Verdeck mit einer Innenbreite von 1,2 m; der Bügel soll unter das Verdeck; die Bügelhöhe ist 1,64 m. Wir gehen in die Tabelle 1 auf Bügelhöhe hB = 1,7m; auf das Schleppergewicht G = 2500 kg; auf die Bügelbreite B = 1,2 m und finden das notwendige Widerstandsmoment W = 16,73 cm^3. In der Tabelle 2 finden wir das passende Rechteckrohr 90 x 50 x 4 mm (W = 16,9 cm^3) zu ca. 11 EUR pro Meter und in der Tabelle 3 das passende Rundrohr 60,3 x 10 mm (W = 17,2 cm^3) zu ca. 21,50 EUR pro Meter. Eines dieser Rohre können wir für den Bügel wählen.

Der Bügel nach Beispiel 5 ist der kräftigste, der nach der Tabelle gebaut werden kann. Die Beispiele 4 und 5 zeigen, Rundrohre haben regelmäßig größere Wandstärken. Einfache Schweißnähte wie zum Beispiel Kehlnähte sind bei 6,3 mm und 10 mm Wandstärke nicht mehr möglich, da die Festigkeit der Rohre damit nicht übertragbar ist. Die Rohrenden müssen zum Verschweißen schräg angeschliffen und die Naht dann in mehreren Lagen aufgebaut werden. Entsprechende Knotenbleche sind nötig und die Verbindung Senkrecht-/Querrohr muss zumindest beim 10 mm Rohrmaterial sehr kräftig ausfallen. Ich rate Ihnen dringend zum Bügel aus Vierkantrohr, auch wenn es ein K-Bügel wird: Die Schweißnähte sind länger und dadurch die Spannungen in der Naht geringer. Bei Umsturz aus höherer Geschwindigkeit haben insbesondere Rechteckrohre Festigkeitsreserven. Vierkantrohr lässt sich leichter an andere Profile wie Winkel oder Platten anschließen. Die Festigkeit wird billiger erkauft. Wenn Geld keine Rolle spielt, kaufen Sie lieber stärkeres Vierkantrohr und damit zusätzliche Sicherheit. Schielen Sie nicht auf die Rundrohrbügel der Firma Fritzmeier. Deren Bügel sind nur scheinbar leichter. Fritzmeier hat oft zwei Rohre ineinander gesteckt und erhielt so auch Wandstärken von 8 mm. Messen wir unsere Künste und Möglichkeiten nicht mit einem Vollprofi.

Umbau alter Bügel

Mit Hilfe der Tabellen kann man die Festigkeit aller Altbügel vor einem Neuaufbau überprüfen. Auch hier muss die Fußverstärkung mindestens 20 cm hoch sein. Ist sie kürzer, sind zusätzliche Versteifungen auf der Rückseite der Kotflügel einzubauen. Wenn der Bügel auf dem Altschlepper nicht mit Schellen an den Kotflügeln befestigt war, so sind jetzt immer Schellen nötig. Die Tabellen sind sonst nicht anwendbar.

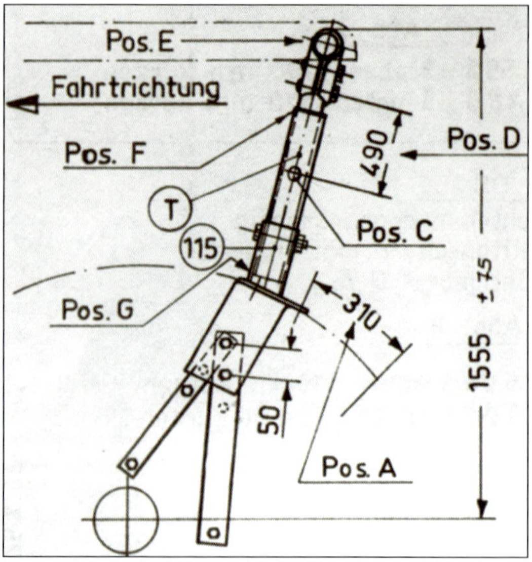

Die Firma Fritzmeier prüfte ihre Bügel trotz Berechnung oft nach. Hier ein IHC-Schlepper nach einem Umsturzversuch. Fritmeier bezeichnete sich zu Recht als den potentesten Lieferanten von Nachrüstbügeln. Man hatte ab 1962 unendlich viele Erfahrungen gesammelt. Ich würde einen Fritzmeier-Bügel nur nachbauen, wenn ich die oberen Knotenbleche und Rohrkonsolen hätte und lediglich umbauen müsste. Wenn die Lochbilder im oberen Querrohr nicht mehr passen weil Ihr Schlepper breiter ist, ist ein neues Rohr fällig. Das gilt auch für Senkrechtrohre, wenn sie auseinander gezogen werden müssen. Achtung: Bei K-Bügeln muss das Innenrohr immer bis ins Konsolrohr auf dem Kotflügel durchlaufen und dort mit dem Außenrohr und der Konsole verschraubt sein (siehe Position G). Wenn das bei Ihrem Exemplar nicht so ist, liegt ein Anbaufehler des Handwerkers bei der Nachrüstaktion vor. Es hat Unfälle mit abgebrochenen Bügeln gegeben.

Eine Konsole für Normalbügel

Beispiel 6:

Auf dem MF 135 ist ein Bügel der Firma Binger Seilzug aufgebaut. Das Konsolrohr ist weit hochgeführt. Für unseren Bügel muss die Länge mindestens 20 cm betragen. Binger Seilzug setzte seine Bügel oft auf 20 mm starke Eisenplatten, und mit mehreren Schweißnähten befestigte man das Konsolrohr. Die

Platten waren über 20 cm breit, um eine Biegebelastung aufnehmen zu können. Für Einzelbügel wird man kaum derartiges Material beschaffen können oder verarbeiten wollen. Ich schlage Ihnen 10 mm bis 12 mm Plattenmaterial und eine spezielle Abstützung vor.

Beispiel 7: Ford Dextra

Sie kennen einen Dreibock. Er stützt jede Last gut ab. Betrachten Sie diesen Unterbau, es ist ein Dreibock. Ein Befestigungspunkt vor der Achse, einer dahinter und einer unter dem Kotflügel... Wenn das Rundeisen unter dem Kotflügel hoch bis zur Schelle geführt und dort durch den Kotflügel mit dieser Schelle verschraubt wird, gibt das eine tolle Festigkeit. Unsere notwendige untere Bügelverstärkung von mindestens 20 cm ist weit übertroffen.

Beispiel 8: Ford Major; Schlüter S 350

Diese Bügel sind je mit zwei Schrauben dicht übereinander beziehungsweise dicht voreinander an der Achse verschraubt. Für uns ist dies nur ein Dreibockpunkt, wenn auch ein recht kräftiger.

Beispiel 9: Favorit 4S, Ford Super Dexta

Wir setzen die zwei anderen Dreibockpunkte unter den Kotflügel und befestigen Unterbau, Kotflügel und Bügelschelle mit Schrauben, wie im Beispiel 7. Setzen Sie die Schelle so hoch wie möglich. Je höher desto besser wird die Bügelfestigkeit. Die Dreibockpunkte sollen ebenfalls so weit wie möglich auseinander liegen. Das rechte Bild zeigt eine Möglichkeit der Dreibockbefestigung, wenn unter dem Kotflügel keine Bohrungen im Achstrichter sind.

Die Schelle

Beispiel 10: Farmer 3S, Deutz F 1 L 712

Der Bügel wird mit der Schelle an den Kotflügel geschraubt. Wenn nötig, Abstandstücke zwischenlegen; große U-Scheiben verhindern das Ausreissen; Flacheisen unter den Kotflügeln sind besser; die Schelle so hoch wie möglich setzen. Wenn dies nicht möglich ist, weil der Reifen hindert, zwei Schellen oder großes Schellenblech einbauen. Nie eine Schraube durch das Bügelrohr ziehen, der Festigkeitsverlust ist zu groß. Die Bohrung ist außerdem Ausgangspunkt für Dauerbrüche. Schweiße hin und schweiße her, schweiße niemals quer – beherzigen Sie den alten Handwerkerspruch für Schweißarbeiten im Schwingungsbereich. In keinem Fall das Bügelrohr oder die Schelle einfach festschweißen.

Die Befestigung des Querrohrs

Beispiel 11:

Wählen Sie nicht diese Lösungen, sie sind ungünstig

Beispiel 12:

Wählen Sie diese Lösung. Sie hat sich bewährt. Die Verbindungstasche hat keine Schweißnaht quer zur Biegelinie und die Schraube liegt außerhalb des Biegespannungsbereiches. Das Blech muss stärker als die Rohrwandung sein. Um Kopfverletzungen des Beifahrers zu vermeiden, sind die Schrauben mit Plastikkappen und das Querrohrende mit einem Moosgummipolster abgedeckt.

Der K-Bügel

Wir kommen jetzt zur hohen Schule des Bügelbaus und zuerst zum Kotflügelunterbau. Im Beispiel 2 hatten wir festgestellt, dass die Festigkeitswerte von voreinander gestellten Profilen zusammengezählt werden dürfen. Das Bügelmaterial unter dem Kotflügel muss die gleiche Festigkeit wie das Bügelrohr haben. Wir brauchen wie beim Normalbügel eine Fußverstärkung und eine Dreibockabstützung. Mit mehreren Vollmaterialstücken lässt sich derartiges gut verwirklichen. Die Konsole nach vorn, nach hinten und zur Radseite gut ausgestellt, in Reifenhöhe zusammengefasst, bis unter das Schutzblech herumgezogen und mit einer Eisenplatte verschweißt, ist eine gute Basis für den K-Bügel.

Beispiel 13: Lanz 1706, Güldner G 25

Dies sind nur 2 Beispiele, wir brauchen kräftigeres Material. Man sieht hinter dem Reifen nichts vom Unterbau und viel hilft hier wirklich viel.

Beispiel 14: Farmer 1 Z, Fahr D 130AH

Die Platte auf dem Schutzblech soll ein Lochbild von 12 cm x 12 cm ermöglichen. Drei Knotenbleche sind nötig. Das Knotenblech im Beispiel wirkt räumlich also auch nach drei Seiten. Als Plattenmaterial eignet sich 10 mm Blech. Die Einstecktiefe des Bügelrohres beträgt etwa 15 cm. Die Bohrung in Fahrtrichtung liegt etwa 10 cm über dem Basisblech.

Was nicht biegen kann, dass bricht

Beispiel 15: IHC 554, Normag K13 A

Sie sehen an den Konsolen die weit auseinanderliegenden Schrauben. Die Knotenbleche bewirken ein großflächiges Biegen. Wenn Sie das Blech, wie bei diesem Hersteller üblich, der Kotflügelkontur anpassen können, sind Sie auf der ganz sicheren Seite.

Beispiel 16: Biegeversuch

Verbindungsstutzen zwischen Bügel und Querrohr
Oben: Stutzen aus Vierkantvollmaterial
Unten: Stutzen aus starkwandigem Vierkantrohr

Der Stutzen aus Vollmaterial verformte sich nicht; nur das Querrohr. Die Schweißnaht begann abzureissen. Der Stutzen aus Vierkantrohrr verformte sich zusammen mit dem Querrohr. Die Schweißnaht hielt. Die Schweißnaht war in beiden Fällen gleich.

Beispiel 17: Porsche Junior, Fahr D90

Der Porsche Junior wiegt ganze 875 kg. Man vermutet einen Bügel aus leichtem Rohr. Aufgebaut sind Rohre, die zu einem 2500 kg schwerem Schlepper passen. Der Bügel sitzt wie ein starres, umgedrehtes U auf dem Schlepper und ist ohne Unterbau auf die kleinen kräftigen Kotflügel geschraubt. Wenn beim Umsturz eine Bügelseite belastet wird, soll die andere gleich mittragen. Wenn ein Profi schon nicht mit dem Material spart, tun Sie es auch nicht.

Beispiele für den Bügelbau

Im Anschluss können Sie sich für Ihren Bügel Anregungen holen. Die Konstruktionen erhalten nicht alle einen Schönheitspreis. Die Hersteller rüsteten damals keine gehegten Oldtimer aus, sondern alte Gurken, die noch eine Zeit lang laufen sollten. Seite 36 links: Porsche A 12, A 16, AP 17 Alu-Achse 122, 133 Portalachse; Seite 36 rechts: Hanomag R 16/19; Seite 37 links: Ferguson M 155; Seite 37 rechts: IH D 320, 322, 324, 430, 436.

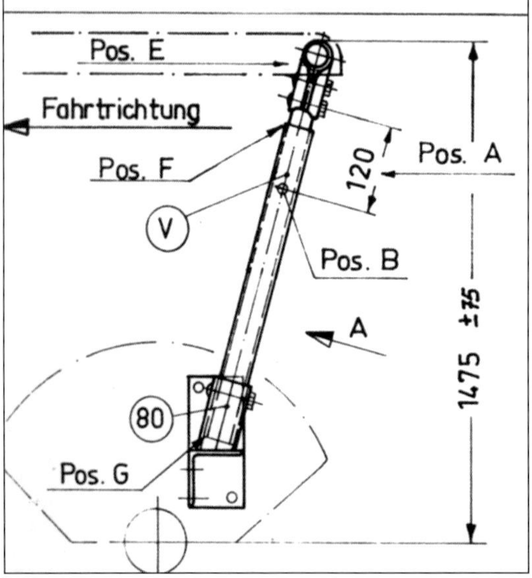
Pos. E
Fahrtrichtung
Pos. F
120
Pos. A
V
Pos. B
A
1475 ±75
80
Pos. G

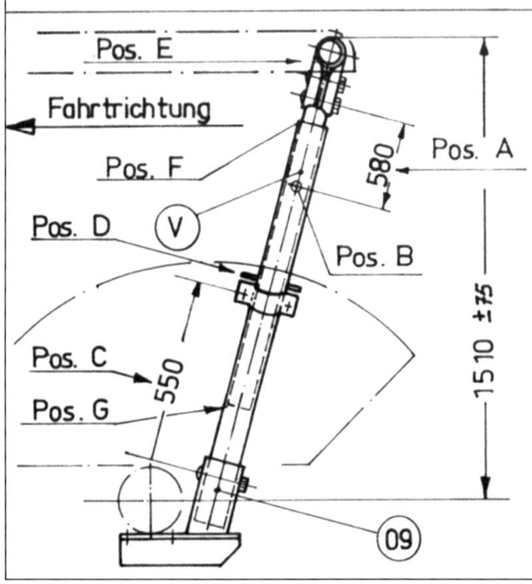
Pos. E
Fahrtrichtung
580
Pos. A
Pos. F
Pos. D
V
Pos. B
1510 ±75
Pos. C
550
Pos. G
09

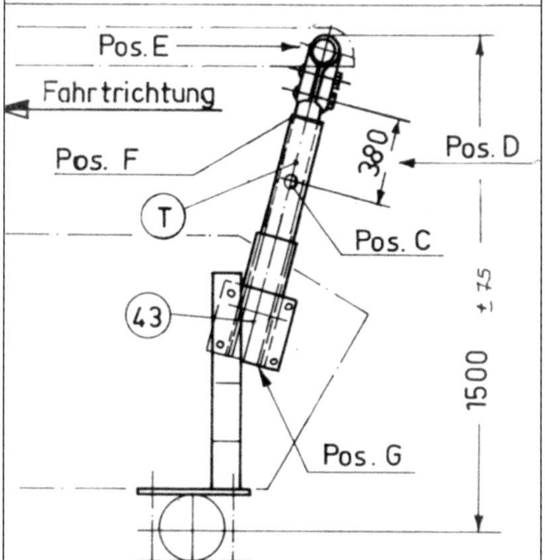
Pos. E
Fahrtrichtung
Pos. F
380
Pos. D
T
Pos. C
43
± 75
1500
Pos. G

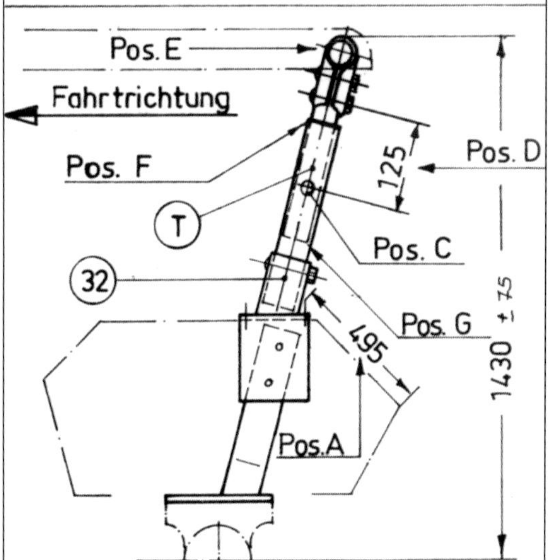
Pos. E
Fahrtrichtung
Pos. F
125
Pos. D
T
Pos. C
32
Pos. G
495
± 75
1430
Pos.A

Der Lanz D 5016 brach bei einem schweren Verkehrsunfall auseinander; der selbstgebaute Bügel hielt

Unter diesem schweren Verdeck lässt sich mit wenigen Zusatzteilen ein Sicherheitsrahmen verstecken. Sie, liebe Leserin, lieber Leser, haben jetzt alle Informationen, die man für einen Bügelbau benötigt. Mehr als jemals ein Handwerker vor Ihnen. Die Aktion in der Landwirtschaft ist abgeschlossen und im Hobbybereich können alle Erfahrungen genutzt werden. Entscheiden müssen Sie.

Kuriositäten aus dem Traktorenbau

von 1894 bis 1954

von Karl-Heinz Brüggmann

Nach dem sich die Grenzen der Einsatzmöglichkeiten von Dampfmaschinen in der Landwirtschaft abzeichneten, suchte man nach anderen Möglichkeiten. Vor 108 Jahren hatten schon viele Hersteller Erfahrungen mit Verbrennungskraftmotoren, die in der Hauptsache als Stationärmotoren zum Einsatz kamen. Mit der Entstehung von Traktorengenerationen kam es immer wieder zu Entwicklungen, die zu Ihrer Zeit, in der Technik oder im Aussehen, als ungewöhnlich zu bezeichnen sind.

Allen voran, stellte die 1880 in Berlin gegründete Motorenfabrik Adolph Altmann den ersten deutschen Traktor vor. Mit der Erfahrung von unterschiedlichen Motoren und Maschinen präsentierte Altmann 1894 den „Altmann Tracteur".

Die Konstruktion lag der seiner Lokomobile sehr nahe. Der liegende, großvolumige Einzylinder-Motor nahm fast die gesamte Fahrzeuglänge in Anspruch. Die Leistung von 18 PS wurde über Ketten auf die Hinterräder geleitet, die entsprechend der Kurvenfahrt mit Handhebeln ausgekuppelt wurden. Das mit einer Verdampferkühlung arbeitende Fahrzeug erreichte damals noch nicht die Serienreife.

Es vergingen mehr als zehn Jahre, bis dann 1907 die Gasmotorenfabrik Deutz mit einem Automobilpflug von 25 PS und einer Pfluglokomotive von 40 PS Aufsehen erregte. Aber auch diese Maschinen fanden keinen Absatzmarkt.

Zwei Jahre später gelang es der 1899 in München-Sendling gegründeten Sendling Motorenfabrik einen Traktorprototyp in einer kleinen Serie zu produzieren. Er erhielt die Bezeichnung „Sendling Typ 1".

Das gewaltige rund 5 t schwere Fahrzeug konnte die Verwandtschaft zu den Dampfschleppern nicht

Januar ■ Altmann Trakteur bei einer Last-Probefahrt auf dem Werksgelände

Februar ■ **Der Sendling Typ 1 unter Vollast im schwierigen Gelände**

leugnen. Als Antrieb diente ein großer Vierzylindermotor, der mit Benzol betrieben wurde. Die 80 PS Leistung wurde bei einer Drehzahl von 600 U/min. erreicht. Größte Zugkraft und Überlastbarkeit machten das Fahrzeug für einen Neunscharpflug verwendbar. Es war mit zwei Vorwärtsgängen und einem Rückwärtsgang ausgerüstet.

In der Zeit, als die ersten Urahnen unserer Traktoren entstanden, fiel eine Konstruktion besonders auf, es war der Pöhl-Gelenkpflug.

Erfahrungen hatten die Pöhl-Werke in Großnitz seit 1910 mit Motor-Lokomobilen gesammelt und so begann man ab 1913 mit dem Bau von verschiedenen Motorpflügen. Hierzu gehörte auch der „Pöhl-Gelenkpflug, vierscharig".

Die Zugmaschine war eine Dreiradausführung mit angelenktem Pflugrahmen. Bei einem Fahrzeuggewicht von 4 t diente ein Vierzylinder-Motor mit einer Leistung von 40 PS als Antrieb. Vom Fahrersitz aus konnte mit Motorkraft der Pflug gesenkt und gehoben werden. Eine weitere Besonderheit war eine Vorrichtung, mit der beim herabfallenden Pflug der Motor angeworfen wurde. Bei dem mit zwei Vorwärtsgängen und einem Rückwärtsgang ausgestatteten Gelenkpflug waren Hinterachse und Vorderrad gefedert.

Es war die Zeit der Tragpflüge und die Ära der Raupenschlepper hatte begonnen. Die Traktorenentwicklung steckte noch in den „Kinderschuhen".

Ab 1920 beeindruckte der „Daimler Pflugschlepper" die Fachwelt. In dem ehemaligen Altmann Werk in Berlin-Marienfelde wurde von der Daimler-Motoren-Gesellschaft der 3,5 t schwere Schlepper gefertigt.

1921 entstand eine Version mit einem Vierzylindermotor, der seine Leistung von 45 PS bei einer Drehzahl von 850 U/min erreichte. Die Übertragung fand durch ein Wechselgetriebe auf die nebeneinander liegenden Hinterräder statt. Durch diese Anordnung wirkte der Schlepper wie ein Dreiradfahrzeug und ein Differenzial wurde eingespart. Drei Vorwärtsgänge und ein Rückwärtsgang hatte der Fahrer zur Auswahl. Bei Prüfungen erreichte der Schlepper herausragende Leistungen.

Nach dem HL Bulldog trat 1923 die Mannheimer Firma Heinrich Lanz mit einem damals sonderbar anmutenden Traktor an die Öffentlichkeit. Es war der Knicklenker „Bulldog HP" mit Allradantrieb. Ein Glühkopfmotor von 12 PS, später 15 PS, bei 500U/min gab seine Leistung über eine für damalige Verhältnisse sehr aufwendige Technik an die Innenzahnkränze der vier Antriesräder. Eine Kette übertrug die Kraft über

März ■ **Der Pöhl Gelenkpflug muß seine Leistungsfähigkeit unter Beweis stellen**

Vorgelegewellen, Differenzial und verschiedene Zahnräder. Für beide Fahrtrichtungen stand jeweils nur ein Gang (Motorumsteuerung) zur Verfügung. Gelenkt wurde der 1,9 t schwere Schlepper über ein schanierähnliches Gelenk in der Fahrzeugmitte. Der Zeit weit voraus, verhinderten ein hoher Kaufpreis und die reparaturanfällige Technik eine lohnende Stückzahl.

April ■ **Ein fabrikneuer Daimler vor seinem Pflugeinsatz, im Hintergrund eine mecklenburgische Paltrock-Mühle**

Mai ■ Lanz Knicklenker HP im Weinbau

Inspiriert durch die Ausstellung von Motorlokomotiven in Seddin 1924, stellte Lanz 1926 seinen Schienenbulldog vor. Hier handelt es sich um eine Kleinlokomotive für eine Spurweite bis 1000 mm. Das rund 1,8 t schwere Fahrzeug wurde von einem 12-PS-Glühkopfmotor angetriebe. Der Motor mit einer Drehzahl von 420 U/min war mit dem des HL Bulldog identisch. Um die Fahrtrichtung zu wech-

Juni ■ Lanz Schienenbulldog beim Torftransport im Moor

Juli ■ **Raupenstock, ein Frühkartoffelfeld wird gepflügt**

seln, wurde der Motor umgesteuert. Ausgerüstet mit einer Sandstreueinrichtung und Backenbremse war der Bulldog eine robuste Feldbahnlokomotive.

Neben den Dampfmaschinen und den zum Teil gewaltigen Tragpflügen eroberten sich leistungsstarke Raupenschlepper immer mehr Gebiete in den Großbetrieben. Bei diesen Fahrzeugen sticht eine Konstruktion besonders hervor. Entgegen der bekannten Technik, brachte die 1910 gegründete Berliner Firma Stock-Motorpflug GmbH den Raupenstock heraus.

Der ab 1926 gebaute Raupenschlepper fiel in erster Linie durch die größeren Fronträder und die fehlenden Laufrollen auf. Der frontlastige, 2,4 t schwere Schlepper wurde von einem Zweizylinder-Vergasermotor mit 28 PS bei einer Drehzahl von 1000 U/min über die Fronträder angetrieben. Ausgerüstet mit einer Lamellenkupplung, Vorgelegen und Differenzialwellen wurde der Raupenstock über Handhebel, durch Abbremsen einer der Differenzialwellen gelenkt. Das Getriebe hatte eine Abstufung von drei Vorwärtsgängen und einem Rückwärtsgang.

In dem Rennen um Marktanteile erbrachte die MAN Maschinenfabrik 1938 eine Pionierleistung mit einem Allradschlepper. Schon 1927 konstruiert, ging dann der „MAN AS 250" in Produktion. Die Leistung von 50 PS erbrachte ein Vierzylinder-Dieselmotor. Der Motor war mit Kugelbrennraum in den Kolben und einer Strahleinspritzung ausgerüstet; die Drehzahl betrug 1500 U/min. Die Getriebeabstufung bestand aus fünf Vorwärtsgängen und einem Rückwärtsgang. Die Ausführung als Allradschlepper fand damals noch wenig Zuspruch. Durch den Kriegsbeginn wurde eine geplante Großserienproduktion des 3,7 t schweren Schleppers verhindert.

In der finsteren Zeit des Krieges entstand der Holzgasschlepper. Diese Sonderentwicklung kam zustande, da es an entsprechenden Kraftstoffen mangelte. Nach Kriegsende wurde die Traktorenproduktion wieder aufgenommen. Zuvor meist für größere Betriebe und Güter geschaffen, sollte nun auch der Traktor für Kleinbetriebe und Betriebe mit Sonderkulturen interessant werden.

Ein technisch hochentwickeltes Einzelstück war der 1948 konstruierte „ASA-Allradschlepper" von den Motorenwerken Mannheim AG (MWM). Als Versuchsfahrzeug konzipiert, war der Schlepper mit einem 25-PS-Zweizylinder-Dieselmotor ausgestattet. Mit einer hervorragenden Gewichtsverteilung des 1,9 t schweren Schleppers und dem Allradantrieb wurde unter anderem die Zugleistung eines 45er Bulldogs erziehlt. Ein Getriebe mit sechs Vorwärts- und zwei Rückwärtsgängen bot eine gute Drehzahlabstufung. Kontakte der Deuliewag zu MWM führten ab 1950 in geänderter Form zu einer kleinen Serie als Record D 25 V.

Einen recht ungewöhnlichen Schlepper bot die Ruhrstahl AG in Witten ab 1951 an. Der „Ruhrstahl-Geräteträger" mit seinen stark gekröpften Profilstahlträgern und dem hinter dem Fahrersitz montierten Motor brachte es auf ein Gewicht von 1,4 t. Ein Zweizylinder-Henschelmotor mit einer Leistung von 22 PS war für das Fahrzeug ausreichend. Die Eigenentwicklung des Getriebes mit vier Vorwärts- und vier Rückwärtsgängen, zusammen mit einer zentralen Hydraulikanlage und den drei Geräteanbauräumen, machten das Fahrzeug universell einsatzbar. Für den Einbau zwischen die Holme gab es eine Ladepritsche mit bis zu 1,5 t Ladegewicht. Ein Frontlader war als Zusatzgerät erhältlich. Obwohl man diesem Traktor eine große Zuverlässigkeit bescheinigte, blieb wegen der hohen Anschaffungskosten eine größere Serie versagt.

1949 konstruiert, ging ab 1954 eine überarbeitete Version eines Einachsschleppers bei den Metallwerken Creussen in Oberfranken in Produktion.

Der „Unitrak H 19" war ein Einachsschlepper mit hinterem Stützrad, das der Lenkung diente und dem Fahrzeug mit 0,99 t Gewicht einen sehr engen Wendekreis ermöglichte. Als Antrieb diente ein Einzylinder-Zweitaktmotor mit einer Leitung von 15 PS. Mit dem Vierganggetriebe und je einer Zapfwelle vorne und hinten war der H 19 ein Universalfahrzeug. Ein schneller und leichter Gerätewechsel wurde durch Schnellverschlüsse ermöglicht. Ein zu geringes Interesse erlaubte keine längere Produktionsdauer.

Ebenso 1954 sorgte die schon 1888 gegründete Firma Gebr. Holder GmbH in Metzingen für großes Aufsehen. Damals wurde der erste Allrad-Knicklenker „Cultitrac A 10" präsentiert. Mit einem Einzylinder-Zweitakt-Dieselmotor brachte es der sehr wendige Schlepper auf eine Leistung von 10 PS. Sein Einsatzgebiet waren Sonderkulturen und der Weinbau. Das in der Fahrzeugmitte liegende Knickgelenk wurde hydraulisch betätigt. Mit einem Gewicht von 0,7 t hatte der frontlastige Schlepper eine gute Gewichtsverteilung.

Der Siegeszug des Universal-Traktors in allen Leistungsklassen nahm seinen Lauf. Ein harter Konkurenzkampf zwang auch renomierte Hersteller zur Aufgabe. Die vielfältigen Formen und Techniken aus den Anfängen bleiben eine schöne Erinnerung.

August ■ MAN AS 250 mit Allradantrieb, der schafft was weg

September ■ **MWM ASA im Dauerbelastungs-Test**

Oktober ■ **Ruhrstahl Geräteträger bei der Rübenernte**

November ■ **Unitrak bei Pflanzbeetvorbereitung in einer Baumschule**

Dezember ■ **Der Holder A10 im Winterdienst**

Die Deutz-Traktoren

Typengeschichte 1927 bis 1967

von Udo Paulitz

Die Ursprünge des traditionsreichen Motoren- und Traktorenherstellers Deutz ging auf den 31. März 1864 zurück, als der im Jahr 1832 geborene Kaufmann und Techniker Nikolaus August Otto zusammen mit dem zwei Jahre jüngeren Geheimrat, Ingenieur und Zuckerfabrikanten Eugen Langen im Kölner Stadtteil Deutz eine unter der Bezeichnung N. A. Otto & Cie firmierende Motorenfabrik gründete.

Der Mitbegründer Nikolaus August Otto war derjenige, der im Jahr 1875 – nach den vorausgegangenen zeitraubenden Arbeiten an einem zur Betriebsreife gebrachten atmosphärischen Motor – den ersten funktionsfähigen, nach dem Viertaktverfahren arbeitenden Verbrennungsmotor entwickelte, der seit 1876 bei dem seit 1872 in "Gasmotorenfabrik Deutz AG" umbenannten Unternehmen gefertigt wurde. Aus den bescheidenden Anfängen dieser weltweit ältesten Motorenfabrik entwickelte sich der heute unter dem Namen Deutz AG (vormals Klöckner-Humboldt-Deutz AG) firmierende Betrieb, dessen Schwerpunkt nach wie vor bei der Herstellung von Dieselmotoren zu suchen ist. Dabei zielten selbst die ersten stationären Motoren bereits auf die Landwirte als Kundenzielgruppe ab.

Das erste im Jahre 1907 entstandene landwirtschaftliche Nutzfahrzeug von Deutz ging auf die Initiative von Gustav und Arnold Langen, den Söhnen des Firmenmitbegründers, zurück. Sie entwarfen den "Deutzer Motorpflug", ein mehr als drei Tonnen schweres selbstfahrendes Monstrum auf Eisenrädern, das von einem 25 PS starken, überaus verbrauchsintensiven Motor fortbewegt wurde. Die

Luftbereifter Deutz-MTZ-320-Schlepper von 1933

Deutz F 2 M 315-Stahlschlepper von 1934

Motorleistung erwies sich im Betrieb als derart gering, dass Pflügen bei nassen Untergründen kaum zu realisieren war. Darüber hinaus ließen sich über eine Riemenscheibe Dresch- und Häckselmaschinen antreiben. Trotz aller diesem Gefährt anhaftenden Mängel blieb diese richtungsweisende Pioniertat unumstritten.

Die seit dem gleichen Jahr vertriebene "Deutzer Pfluglokomotive" verfügte über das gleiche wassergekühlte Antriebsaggregat und war von den Abmessungen her schon wesentlich gefälliger geraten. Die Kraftübertragung bei diesem Gefährt, dem die Ähnlichkeit mit einem Traktor nicht abzusprechen war, erfolgte über eine Rollenkette auf die Hinterräder.

Deutz F 2 M 315 in Verkehrsausführung mit Wetterdach von 1937

Nach weiteren Entwürfen, zu denen auch der allradgetriebene sehr fortschrittliche "Deutzer Automobilpflug" zählte, der seiner Zeit weit voraus war, wurde im Jahr 1919 der "Deutzer Trekker" angeboten. Es handelte sich um die Abwandlung eines zunächst mit einem 40-PS-Motor (später 33 PS) ausgerüsteten schwer-gewichtigen Geschützschleppers aus dem Ersten Weltkrieg mit Eisenrädern, der mit seiner Seilwinde vor allem zum Holzrücken in der Forstwirtschaft in kleinen Stückzahlen Verwendung fand. Da sich diese ehemalige Artilleriezugmaschine für reine Feldarbeiten weniger eignete, war auf diesem Marktsegment mit derartigen Geräten kein Geschäft zu machen. Schon bald verschwand daher der "Deutzer Trekker" wieder aus dem Fertigungsprogramm.

Erst nach einer mehrjährigen Pause konnte das seit 1921 unter "Motorenfabrik Deutz AG" firmierende Unternehmen im Jahr 1927 mit einer neuerlichen Konstruktion eines Traktors aufwarten. Es war das vom 12er Lanz inspirierte Modell MTH 222, dessen liegender, als Stationärmotor konstruierter und auf ein Fahrgestell gesetzter 14-PS-Einzylindermotor mit 2861 cm^3 Hubraum eine Verdampfungskühlung besaß. Er war weniger für den Einsatz auf dem Acker, sondern so wie der kleine Lanz-Bulldog als selbstfahrende Antriebsquelle für stationäre Arbeitsmaschinen, wie z. B. von Dreschmaschinen, Steinbrechern und vielen anderen Geräten gedacht, war aber durchaus in der Lage, als Zugmaschine beispielsweise genossenschaftlich betriebene Dreschmaschinen von Hof zu Hof zu schleppen. Dass sich Deutz primär als Motorenbauer sah wird daraus erkennbar, dass die Bemühungen des Unternehmens in erster Linie darauf ausgerichtet waren, den eigenen Motoren neue Verbreitungsgebiete zu schaffen.

Deutz F 2 M 417 mit Wetterdach von 1949

Bild 4: Deutz F 2 M 417 von 1951

Der Landwirtschaft war allerdings mit Motoren allein nicht gedient, denn dort benötigte man Zugfahrzeuge mit größerer Leistung zur Erledigung der Acker- und Feldarbeiten, was der MTH 222 nur in geringem Umfang bieten konnte. Folgerichtig wurde daher bei Deutz im Jahre 1929 mit dem Modell MTZ 120, eines mit einem bereits als Stationärmotor bewährten zweizylindrigen 27-PS-Motor bestückten, sehr zugstarken Schleppers, der nächste Schritt in Richtung eines landwirtschaftlichen Schleppers vollzogen. Der aus stark dimensionierten Stahlblechträgern und eingenieteten Querträgern in Rahmenbauweise gefertigte Schlepper besaß bei einer größtmöglichen Geschwindigkeit von 6,3 km/h nun drei Vorwärts- und einen Rückwärtsgang und stellte damit den ersten vollwertigen Traktor von Deutz dar. Im Gegensatz zum Vorgänger war das Modell in den Varianten sowohl als Acker- als auch als Straßenschlepper erhältlich, und die Konstruktion fand derart viel Anklang, dass sie auf der 1931 in Hannover stattfindenden DLG-Ausstellung mit einer silbernen Medaille ausgezeichnet wurde.

Bis zum Jahre 1936 wurden weitere Varianten in Form der Modelle MTZ 220 (mit 30 PS) und MTZ 320 (mit 36 PS Zweizylinder-Viertakt-Dieselmotor und 5722 cm^3 Hubraum) in insgesamt 2165 Exemplaren – hauptsächlich allerdings von der stärksten Ausführung – gebaut. Diese Traktoren wurden sogar noch zwei Jahre nach dem Erscheinen der neuen Modelle mit in Blockbauart konstruierten Motoren gefertigt. Damit hatte sich das Kölner Unternehmen auch als erfolgreicher Traktorbauer einen Namen gemacht.

Auf dem neuesten technischen Stand befanden sich die in Rahmenbauweise ausgebildeten MTZ-Modelle jedoch nicht mehr, denn zwischenzeitlich hatte sich die auf der Konstruktion des Fordson begründete, heute nach wie vor aktuelle Blockbauweise im Schlepperbau allgemein durchgesetzt. Daher befasste sich auch Deutz mit der rahmenlosen Blockbauweise, bei der die aus geschweißtem Stahlguss gefertigte Ölwanne des Motors zusammen mit dem Getriebegehäuse mit tragenden Funktionen ausgestattet war. Das Ergebnis dieser Bemühungen war das Modell F 2 M 315, das 1934 vorgestellt wurde. Weil bei diesem (und den folgenden Traktoren dieser Baureihe) der Baustoff Stahlguss verwendet wurde, erhielten sie den Beinamen "Stahlschlepper", den sie unter Insidern noch bis in unsere Tage behalten haben.

Das aus eigener Fertigung stammende Getriebe des bis 1942 gefertigten F 2 M 315 war sowohl in einer Fünfgangausführung bei Verkehrsschleppern mit Luftbereifung als auch als Dreigangvariante in der eisenbereiften Ackerausführung erhältlich. Der wassergekühlte stehende Zweizylinderdieselmotor des Typs F 2 M 315 – Deutz verwendete hier erstmals die Motorbezeichnung gleichzeitig als Bezeichnung des Schleppermodells – besaß 3400 cm^3 Hubraum und leistete 28 PS bei 1200 U/min. Der erstmals mit einer Trommelbremse (anstelle der Bandbremse bei früheren Typen) ausgerüstete Schlepper erreichte mit 7,9 km/h seine Höchstgeschwindigkeit. Dessen Vorderachse war mit einer gegenüber dem Motorblock angebrachten Querblattabstützung versehen. Als luftbereifter Universalschlepper konnte der mit fünf Vorwärtsgängen bestückte Traktor 17,4 km/h Höchstgeschwindigkeit erreichen. Auf Wunsch war der in der einfachen Acker- oder Straßenausführung 2750 kg schwere Traktor, von dem bis zur Fertigungseinstellung die große Zahl von genau 11888 Einheiten verkauft werden konnten, bereits mit einer Getriebezapfwelle lieferbar. Ferner waren als weiteres Zubehör Riemenscheibe, Windschutzscheibe, Kotflügel, Dach und feste Fahrerhäuser mit seitlichen Türen für den Straßenschlepper erhältlich. Sein Verkaufspreis lag um die 7 500 Reichsmark.

Von 1935 bis 1940 gab es mit dem Typ F 2 M 317 eine leistungsstärkere Variante, die 30 PS bei 1300 U/min aus dem Antriebsaggregat mit 3845 cm^3 Hubvolumen herausholte. Für diesen für mittlere bis große Bauernhöfe besonders geeigneten Traktor standen die bereits erwähnten Zubehörteile zur Verfügung. Von den verkauften Stückzahlen her stand der F 2 M 317 weit hinter seinem geringfügig schwächeren Bruder zurück; bis zur Produktionseinstellung konnten lediglich 268 Einheiten verkauft werden.

Ungleich besser verkaufte sich indessen der 1941 auf den Markt gekommene Nachfolger, der 35-PS-Schlepper F 2 M 417, der mit insgesamt 3371 verkauften Exemplaren (davon 2108 Traktoren der Nachkriegsfertigung) deutlich bessere Verkaufserfolge erzielen konnte. Der wassergekühlte Zweizylinder-Diesel verfügte ebenfalls über 3845 cm^3 Rauminhalt und erzeugte seine Leistung bei 1350 U/min. Dieses erfolgreiche Modell besaß fünf Vorwärts- und einen Rückwärtsgang und blieb bis 1953 in der Fertigung; von Magirus in Ulm wurden sogar noch im folgenden Jahr einige Exemplare aus Restteilen gebaut.

Deutz F 3 M 317 von 1942

Das stärkste Modell unter den Deutz-Stahlschleppern war der legendäre, dreizylindrige F 3 M 317, der sich von 1935 bis 1942 in der Fertigung befand und anschließend vom bis 1952 gebauten F 3 M 417 abgelöst wurde, von dem er sich vor allem durch die Bosch-Einspritzpumpe anstelle der beim Vorgänger verwendeten Deutz-Pumpe unterschied. Mit insgesamt 8646 verkauften Einheiten war dieser vor allem als Straßenschlepper verwendete große Deutz, oftmals auch mit geschlossenem Fahrerhaus, ein voller Erfolg. Auch als Exportfahrzeug spielte dieser Traktor eine große Rolle und nicht wenige Fahrzeuge gingen in den 30er Jahren als eisenbereifte und mit Druckluftanlage ausgerüstete Ackerschlepper in die Sowjetunion. Bei beiden Dreizylindervarianten gleich war das wassergekühlte Dieseltriebwerk mit 5768 cm^3 Hubraum, das 50 PS bei 1300 U/min zur Verfügung stellte. Das Gewicht lag als Ackerschlepper bei 3750 kg; in der Verkehrsausführung war er 3970 kg schwer. Er besaß ein Fünfganggetriebe, das für Geschwindigkeiten von bis zu 28 km/h ausgelegt war. Der schwere Dreizylinder-Deutz gehörte damit zu den stärksten Schleppern seiner Epoche. Er galt ob seiner Zuverlässigkeit geradezu als unverwüstlich und war vor allem als Arbeitsgerät in Großbetrieben und auf Gütern anzutreffen. Eine sachkundige und regelmäßige Pflege vorausgesetzt, hat er seine Besitzer nur äußerst selten im Stich gelassen. Er war – genauso wie die leistungsschwächeren Stahlschlepper – nicht nur als Ackerschlepper für alle anfallende Arbeiten, sondern auch bei Schaustellern, Spediteuren und anderen Gewerbetreibenden gleichermaßen beliebt und begehrt. Vor allem auch als schwere Verkehrszugmaschine mit Druckluftbremsanlage war der 50 PS Deutz noch viele Jahre nach dem Krieg in vielen Einsatzbereichen anzutreffen.

Noch größere Erfolge konnte das ab 1930 in Humboldt-Deutzmotoren AG umbenannte Unternehmen mit einem Kleinschlepper erzielen, der die Motorisierung der gerade in Deutschland so häufig vertretenen kleinbäuerlichen Betriebe maßgeblich in die Wege leiten sollte. Hatte nach dem Abklingen der Weltwirtschaftskrise zu Beginn der 30er Jahre auch in Deutschland eine zunehmende Technisierung und Rationalisierung der Landwirtschaft zunächst der Großbetriebe eingesetzt, so war für die zahllosen Kleinbauern der Erwerb eines Ackerschleppers wirtschaftlich meist nicht vertretbar. Im Zuge der Autarkiebestrebungen der ab 1933 regierenden

Deutz F 3 M 417 von 1951

nationalsozialistischen Machthaber wurde von der damaligen Reichsregierung zum Zwecke einer Steigerung der Nahrungsmittelproduktion im Deutschen Reich die Vollmotorisierung der deutschen Landwirtschaft propagiert. Mit Hilfe von Ackerschleppern könne das Land intensiver und gleichzeitig ertragreicher bewirtschaftet werden. Ferner würden durch den Schleppereinsatz Pferde auf den Höfen ersetzt und zusätzliches Ackerland für die menschliche Ernährung gewonnen werden. Außerdem sollten Zusatzausrüstungen wie Zapfwelle und Riemenantrieb an Kleinschleppern die schwere körperliche Arbeit der Landwirte erleichtern.

Deutz griff als erster größerer Traktorenhersteller in Deutschland diese Vorgaben auf und entwickelte einen luftbereiften Kleinschlepper, den 1936 vorgestellten Bauernschlepper F 1 M 414, der mit einem wassergekühlten Einzylinder-Dieselmotor mit 1100 cm^3 Hubraum bestückt war, welcher 11 PS bei 1550 U/min erbrachte. Der zunächst mit einem Dreiganggetriebe mit den Geschwindigkeitsabstufungen 3,2 - 4,5 und 7,8 km/h ausgerüstete, 1180 kg wiegende Schlepper war in der bewährten Blockbauweise konstruiert und in der einfachsten Ausführung – mit zwei Petroleum-Sturmlaternen als Beleuchtung – für 3323 Reichsmark zu haben. Die geringe Geschwindigkeit von nur 7,8 km/h ließ es zu, auf eine Fußbremse zu verzichten, sodass lediglich eine auf das Getriebe wirkende Handbremse vorhanden war. Mit der Erhöhung der Höchstgeschwindigkeit auf 15 km/h ab 1948 und der Verwendung eines Vierganggetriebes wurde dieses Modell auch mit einer Fußbremse ausgestattet. Durch seine Luftbereifung war der Bauernschlepper sowohl auf dem Acker als auch auf der Straße anzutreffen.

Nach dem Produktionsstop im Jahre 1942 wurde die Fertigung nach Kriegsende ab 1946 – in diesem Jahr wurden ganze 81 Stück gefertigt – fortgeführt und der 11er Deutz, wie dieses damals kleinste Deutz-Modell in Fachkreisen bezeichnet wurde, bis 1951 in insgesamt über 19000 Stück in den Kölner

Deutz F 3 M 417 von 1936, später auf ein 85-PS-Aggregat F 4 L 514 umgebaut

Deutz F 1 M 414 Bauernschlepper von 1938

Werksanlagen gebaut. Der kleine 11-PS-Schlepper verfügte über angebauten Mähantrieb, Riemenscheibe und über eine nachrüstbare, gegen Aufpreis erhältliche Zapfwelle – alles Einrichtungen, die die schwere Arbeit des Kleinbauern spürbar erleichtern halfen und ihm eine wertvolle Hilfe bedeuteten. Dieser robuste und einfach zu handhabende Schlepper war genau das Gerät, das der Landwirt zur Bewältigung seiner täglichen Arbeit brauchte. Trotz seiner geringen Größe war er durchaus in der Lage, die zum Ziehen eines Zweischarpfluges erforderlichen vier Pferde zu ersetzen. Der F 1 M 414 wurde damit zweifelsohne zum erfolgreichsten Traktormodell seiner Epoche, und er diente als richtungsweisendes Vorbild für verschiedene Hersteller dieser Branche. Mit dem Bauernschlepper wurde der Beweis erbracht, dass die Motorisierung nicht nur für Großbetriebe rationell und sinnvoll war.

Nachdem die Produktionsanlagen nach Kriegsende wieder notdürftig instandgesetzt worden waren, begannen die seit 1938 zur Klöckner-Humboldt-Deutz AG (KHD) fusionierten Werke u. a. auch in den unzerstörten Magirus-Werksanlagen in Ulm mit der Fertigung der bewährten, von wassergekühlten Dieselmotoren angetriebenen Vorkriegsmodelle, die aus den Typen F 1 M 414, F 2 M 417 und F 3 M 417 bestand.

Mit der Entwicklung eines luftgekühlten Dieselmotors für die FL 514-Baureihe war auf Veranlassung des Militärs bereits während des Krieges begonnen worden. Die im Krieg gemachten Erfahrungen mit luftgekühlten Vergasermotoren hatten gegenüber selbigen mit Wasserkühlung einige unbestreitbare Vorteile in klimatisch extremen Regionen gezeigt, und die thermischen Probleme sollten nun mit Hilfe der Luftkühlung auch bei Dieselmotoren verbessert oder ganz abgestellt werden. An dieser Ausschreibung beteiligten sich mehrere Firmen. Bei KHD entschied man sich dafür, einen bereits existierenden wassergekühlten, nach dem Vorkammerprinzip arbeitenden Motor auf Luftkühlung umzurüsten, der für die später vorgestellte Motorenbaureihe die Grundlage bilden sollte. Trotz der nur kurzen zur Verfügung stehenden Entwicklungszeit war es auf Anhieb gelungen, nahezu alle geforderten Leistungswerte zu erreichen, obwohl manche Komponenten, wie etwa die Auslegung des Kühlgebläses, mangels verwertbarer Erfahrungen von Grund auf neu erforscht werden

Deutz F 1 M 414/46 mit Mähwerk von 1949

mussten. Infolge der Kriegsereignisse konnte nur noch eine geringe Stückzahl dieser neuen Motoren gefertigt werden. Damit wurde bei den Kölner KHD-Werken eine neue Epoche eingeleitet.

Durch die schwierige Nachkriegssituation bedingt – immerhin lagen drei Viertel der Werksanlagen in Trümmern – dauerte es bis zum Jahr 1950, bis erstmals ein auf der Basis des F 1 M 414 entstandener

Deutz F 1 M 414/46 mit Wetterdach von 1948

Deutz F 1 L 514/50 von 1951

luftgekühlter Motor in das kleine F 1 L 514/50-Traktormodell eingebaut werden konnte. Dieses Modell trat die Nachfolge des berühmten Bauernschleppers an, von dem wesentliche Komponenten, wie beispielsweise das in Halbschalenbauart ausgeführte Deutz-Vierganggetriebe und die rollengelagerte Kurbelwelle unverändert adaptiert wurden. Dem gegenüber erhielt der ob seiner Motorleistung fortan

Deutz F 1 L 514/51 von 1952

Deutz F 2 L 514/50 von 1951

als "15er-Deutz" bezeichnete Traktor eine völlig neugestaltete, abgerundete Motorabdeckung sowie eine gefederte Vorderachse. Der eingebaute einzylindrige Viertakt-Wirbelkammer-Dieselmotor mit Luftkühlung verfügte über 1330 cm^3 Hubraum und eine Leistung von 15 PS, die dieser bei 1650 U/min abgab. Die Konstruktion war in der bewährten Blockbauweise ausgeführt, bei der Motor und Getriebe miteinander verflanscht waren und eine tragende Funktion ausübten. Das Leergewicht betrug 1310 kg und Ende 1950 gab es auch eine Hochradausführung, die eine erhöhte Geschwindigkeit zuließ. Ab 1951 gelangte ein neues Fünfganggetriebe in die bis zum Jahr 1957 gebaute Version F 1 L 514/51 zum Einbau, das eine Maximalgeschwindigkeit von 23 km/h ermöglichte. Die vorher nur gegen Aufpreis erhältliche Zapfwelle gehörte nun ebenso wie Riemenscheibe und Mähantrieb zum serienmäßigen Lieferumfang und eine Differentialsperre war ebenfalls zu bekommen. Infol-

Deutz F 2 L 514/50 in Hochradausführung mit Allwetterverdeck

Deutz F 2 L 514/53 von 1958

Deutz F 3 L 514/51 von 1952

ge der Änderungen und Verbesserungen stieg das Gewicht geringfügig auf 1345 kg. Kurz erwähnt werden soll an dieser Stelle, dass es von diesem Deutz-Schlepper auch eine Plantagenausführung gab, die sich insbesondere durch die schmalerer Vorderachse unterschied.

Nicht zuletzt dem kleinen "15er-Deutz", welcher einen Motorisierungsschub bei den vielen zuvor noch auf tierische Muskelkraft angewiesenen kleinbäuerlichen Betriebe einleitete, war es zu verdanken, dass die KHD AG im Jahr 1953 einen Marktanteil von 14 % in der Zulassungsstatistik von Traktoren auf dem Gebiet der Bundesrepublik erzielen konnte.

Ebenfalls 1950 entstand als völlige Neukonstruktion das luftgekühlte zweizylindrige KHD-Modell Deutz F 2 L 514/50, das vor allem für mittelgroße Bauernhöfe vorgesehen war. Dessen Dieseltriebwerk erzeugte bei einem Hubvolumen von 2660 cm³ 28 PS bei 1550 U/min. Den anfangs mit einem ZF-Getriebe mit fünf Vorwärtsgängen und Fichtel & Sachs-Kupplung bestückten Schlepper gab es sowohl in einer Normal- als auch in einer Hochradausführung. Der Geschwindigkeitsbereich des 1850 kg schweren Schleppers erstreckte sich von 3,1 bis 20 km/h. Ab 1953 wurde diesem zu seiner Zeit sehr bedeutenden Ackerschlepper eine Mehrleistung von zwei PS durch Drehzahlerhöhung verpasst. Der F 2 L 514 befand sich bis zum Jahre 1962 – in unterschiedlichen Ausführungen und mit bis zu 34 PS Leistung – im Verkaufsprogramm von Deutz und wurde in insgesamt 21508 Einheiten gefertigt. Erwähnt werden soll die bis 1957 gebaute Variante F 2 L 514/53, welche mit einem neuen ZF-Getriebe ausgerüstet war, das einen längeren Radstand bedingte. Dieser Schlepper war auch in einer sechsgängigen Variante mit besonders für Pflanz- und Pflegearbeiten geeignetem Kriechgang erhältlich. Ab 1955 stellte Deutz die Getriebe für diese Schlepper selbst her, die in den Ausführungen F 2 L 514/4 und 6 sieben Vorwärtsgänge aufzuweisen hatte.

Konsequent baute Deutz das Angebot der mit den neuen luftgekühlten Motoren bestückten Schlepper aus, wozu ebenfalls das seit 1951 lieferbare Modell F 3 L 514/51 als nächststärkerer Traktor im Verkaufsprogramm gehörte. Dieses leistungsfähige und sehr zugstarke Modell entstand unter Verwen-

Deutz F 3 L 514/51 mit Allwetterdach von 1954

dung des bewährten Getriebes aus dem Stahlschlepper F 2 M 417, dessen Produktion erst 1953 beendet wurde. Es war für den Betrieb schwerer Zapfwellengeräte besonders geeignet, wie beispielsweise gezogene Dreschmaschinen. Während der mit einer Deutz-Einspritzpumpe ausgerüstete Traktor in seiner Vorserie nur über 40 PS verfügte, stieg die Motorleistung des Dreizylinder-Viertakt-Dieselmotors mit 3990 cm^3 Hubraum schon bald auf 42 PS an, die bei einer Drehzahl von 1450 U/min erreicht wurden. In späteren Versionen erhöhte sich die Motorleistung durch Steigerung der Drehzahl zunächst auf 45 und

Deutz F 3 L 514/6 von 1957

in der zwischen 1958 bis 1964 in Serie gebauten Ausführung F 3 L 514/7 sogar auf 50 PS. Anfangs wurde noch das Fünfganggetriebe des F 3 M 417 eingebaut; die letztgenannte Version besaß hingegen sieben Vorwärts- und zwei Rückwärtsgänge. Neben einer hydraulischen Kraftheberanlage gab es auf Wunsch auch ein Zusatzsteuergerät von Bosch, welches beim Pflügen einen Teil des Pfluggewichts auf die Hinterräder übertrug und diese zusätzlich belastete, was sich durch eine gesteigerte Zugkraft auswirkte. Hinsichtlich der Getriebeabstufungen gab es mehrere Varianten, wobei die Ausführung NSK auf eine Endgeschwindigkeit von 28,5 km/h kam. Alle Ausführungen zusammengenommen wurden während der nahezu 14-jährigen Bauzeit 15762 Dreizylindermodelle gefertigt, wobei die letzten Fahrzeuge mit 52 PS und einer der nachfolgenden D-Serie angeglichenen Haube zur Auslieferung gelangten.

1952 kam schließlich das stärkste Modell der 514er-Baureihe, der F 4 L 514/4 auf den Markt, der in dieser Ausführung bis 1957 im Programm blieb. In diesem Fahrzeug wurde ein vierzylindriger, nach dem Wirbelkammerverfahren arbeitender luftgekühlter Viertakt-Dieselmotor mit 5322 cm^3 Hubraum eingebaut. Er stellte seine Höchstleistung von 60 PS bei

Deutz F 4 L 514/7 von 1961

1650 U/min zur Verfügung. Dieser überaus zugstarke und belastbare schwere Traktor war für landwirtschaftliche Großbetriebe ebenso vorgesehen wie in der Forstwirtschaft oder mit Druckluftbremsanlage im Transportwesen. Er wurde in Halbrahmenbauweise (der Traktor besaß eine nichttragende Blechölwanne) mit langem Radstand gefertigt. Dieser zu seiner Zeit leistungsstärkste auf dem deutschen Markt befindliche Traktor brachte 3050 kg Eigengewicht auf die Waage und war bei der Bearbeitung großer Flächen, schwerer Böden und beim Antrieb schwerer Zapfwellengeräte in seinem Element. Er spielte auch im Exportgeschäft eine dominierende Rolle. Seine große Zugkraft erlaubte selbst den Einsatz vier- bis sechsfurchiger Schar- und Scheibenpflüge sowie anderer schwerer Bodenbearbeitungsgeräte. Das siebengängige Getriebe (zwei Gänge davon waren als spezielle Kriechgänge ausgelegt) ermöglichte eine Höchstgeschwindigkeit von bis zu 28 km/h. Die lange Motorhaube war zweigeteilt und die elektrische Ausrüstung verfügte über eine zu jener Zeit noch unübliche 24-Volt-Anlage.

Ähnlich wie bei der dreizylindrigen Variante dieser Baureihe wurde im Jahr 1957 die Motorleistung auch des Vierzylinders in der Version F 4 L 514/7 durch Drehzahlerhöhung auf 65 PS angehoben. Diese Ausführung blieb bis 1965 im Programm, wobei die zuletzt gebauten Exemplare eine der D-Serie angeglichene Haube erhielten.

Als die Produktion der FL 514-Serie schließlich im Jahre 1965 beendet wurde, waren insgesamt rund 80000 Traktoren aller Leistungsklassen hergestellt worden, wobei der 15-PS-Traktor F 1 L 514 mit fast 37000 Stück die Spitzenstellung einnahm.

Im Jahr 1952 hatte die Klöckner-Humboldt-Deutz AG eine ebenfalls luftgekühlte, als FL 612 bezeichnete neue Diesel-Motorbaureihe für Traktoren zur Serienreife entwickelt, die sich gegenüber der 514er-Reihe vor allem durch einen verringerten Hubraum und höhere Drehzahlen unterschied. Dieses Aggregat wurde ab 1953 erstmals in dem in der Firmenwerbung als neu bezeichneten 11 PS Deutz-Bauernschlepper F 1 L 612/4 verwendet. Dabei versuchte man bei Deutz, bewusst an die Tradition des berühmten Bauernschleppers anknüpfen, dessen Fertigung 1951 eingestellt worden war. Der neue Schlepper rundete das Deutz-Programm nach unten ab, so dass er speziell auf den Kleinbauern zugeschnitten war. Dieser formschöne und handliche, in der damals aktuellen, besonders für den Zwischenachsanbau

Deutz F 1 L 612/4 von 1954

Deutz F 2 L 612/6 von 1956

geeigneten in Wespentaillenbauweise konzipierte Tragschlepper mit langem Radstand, besaß ein gleichfalls neuentwickeltes hinter der Hinterachse angeordnetes Getriebe von Deutz, das über sechs Vorwärts- und drei Rückwärtsgänge verfügte. Diese etwas ungewöhnliche Getriebeanordnung eröffnete die Möglichkeit, verschiedene Radstände anzubieten. Der 830 kg schwere Traktor hatte einen stählernen Mittelrahmen, an welchem die unterzubauenden Geräte befestigt werden konnten. Für diejenigen Verwender, die keinen Zwischenachsanbau benötigten, wie beispielsweise reine Grünlandbetriebe, gab es eine Ausführung mit verkürztem Radstand. Motorisiert war der Schlepper mit einem Einzylinder-Viertakt-Diesel mit 763 cm^3 Hubraum, aus dem die Leistung von 11 PS bei 2100 U/min erzeugt wurde. Gebaut wurde dieser mit drei Riemenscheibengeschwindigkeiten erhältliche neue Bauernschlepper bis zum Jahr 1958.

Verständlicherweise richtete man bei Deutz ein besonderes Augenmerk auf die Leistungsklasse zwischen 20 und 25 PS, denn Schlepper dieser Größenordnung wurden von den Kunden jener Zeit am häufigsten verlangt. Bislang fehlte bei Deutz aber immer noch ein Traktor dieser Klasse im Angebot, welches seit 1954 mit dem 22-PS-Modell F 2 L 612/4, abgedeckt werden konnte. Dessen Zweizylinder-Dieselmotor mit 1526 cm^3 Hubvolumen gehörte ebenfalls der neuen Motorbaureihe von Deutz an. Das in zwei Schaltgruppen gegliederte Vorschaltgetriebe des in dieser Ausführung bis 1956 gefertigten Traktors verfügte über zehn Vorwärts- und zwei Rückwärtsgänge. Mit dem Modell F 2 L 612/5 folgte bis 1958 eine auf 24 PS leistungsgesteigerte Ausführung, die für mittelgroße Höfe konzipiert war und sich gut verkaufte. Dieser auch als Hochradausführung erhältliche Typ hatte eine verbesserte Getriebeabstufung, eine mit Doppelquerblattfedern versehene Vorderachse sowie die wesentlich leichtgängigere Lenkung von ZF erhalten. Das Gewicht des Traktors lag nun bei 1370 kg. Von dieser Version war wiederum eine Schmalspurausführung für den Einsatz in Sonderkulturen erhältlich.

Ein weiteres, zwischen 1956 und 1958 gefertigtes Modell war die Ausführung F 2 L 612/6, die eine Motorleistung von 18 PS und ein Fünfgang-Wechselgetriebe besaß.

Die verbesserte Motorbaureihe FL 712 wurde erstmals 1958 in Deutz-Schlepper, den D 25, eingebaut. Um die sinkende Nachfrage nach Kleinschlep-

Deutz F 1 L 712 von 1959

Deutz D 25 von 1959

pern anzuregen, wurde die Motorleistung des 11-PS-Modells F 1 L 612/4 im gleichen Jahr in dem neuen Modell F 1 L 712 auf 13 PS angehoben. Diese Leistung erzielte das 850 cm³-Einzylindertriebwerk bei einer Drehzahl von 2100 U/min. Bereits im folgenden Jahr wurde dessen Fertigung zugunsten des neuen D 15 eingestellt.

Gleichfalls neu waren die ab 1958 gebauten Modelle D 40 bzw. D 40 S, welche aus der Zusammenführung des neuen 35-PS-Motors der L-712-Serie F 3 L 712 mit dem Getriebe aus dem F 2 L 514/4 bzw. 6 (beim D 40 S) entstanden und sich auf Anhieb gut verkauften. Äußerlich entsprachen sie völlig der 514er-Baureihe. Während der D 40 eine Leistung von 35 PS bei einer Drehzahl von 2150 U/min aus dem Hubvolumen von 2550 cm³ des besagten Dreizylindermotors herausholte, waren es bei der S-Ausführung 38 PS, die das ansonsten baugleiche Triebwerk bei 2300 U/min zur Verfügung stellte. Von beiden Ausführungen gab es hinsichtlich der Spurweite und Bereifungsgröße unterschiedliche Varianten. Diese zugstarken Modelle konnten in eher größeren Betrieben als Alleinschlepper oder als Hauptschlepper neben einem leistungsschwächeren Pflegeschlepper eingesetzt werden. Der mit Motorzapfwelle ausgerüstete D 40 S war vor allem für Betriebe mit zapfwellengetriebenen Erntemaschinen geeignet.

Mit dem Typ D 25 wurde 1958 die neue D-Modellreihe von KHD aus der Taufe gehoben. In dieser neuen Bezeichnung stand das "D" für Deutz, während mit der Ziffer die ungefähre Leistungsangabe in PS ausgedrückt wurde. In den 1325 kg schweren D 25 – eine leistungsgesteigerte Ausführung des F 2 L 612/6 – wurde das neue luftgekühlte Zweizylinder-FL-712-Triebwerk mit 1700 cm³ Hubraum und 20 PS Leistung eingebaut. Besonders in technischer Hinsicht waren die neuen Traktoren nachhaltig verbessert worden. So erhielten die Mitglieder dieser neuen Schlepperbaureihe neben dem neuen Schwungrad-Radialgebläse gefederte Vorderachsen, die den Fahrkomfort spürbar verbesserten. Ebenso erhielt der F 2 L 612/5 den neuen, nunmehr 25 PS bei 2250 U/min leistenden Motor, welcher erst 1958 in D 25 S umbenannt wurde. Im Jahr 1959 wurde das gesamte Programm äußerlich aktualisiert, wozu auch die Veränderung der Sitzposition des Schlepperfahrers gehörte. Dieser saß nach der so genannten, nach vorn gerückten neuen Reitsitzposition nunmehr in einer tieferen Stellung vor der Hinterachse. Die bei Bedarf auch mit Frontladern ausrüstbaren D-25-Traktoren waren insbesondere für mittelgroße Betriebe mit Bewirtschaftungsflächen von 10 bis 20 Hektar vorgesehen. Ein hydraulischer Kraftheber gehörte zwar noch nicht zum

Deutz D 25 S von 1959

Deutz D 40 N von 1958

Deutz D 15 N mit Mähwerk von 1959

Deutz D 15 in Plantagenausführung von 1961

Deutz D 25.2 N mit Fritzmeyer-Allwetterverdeck von 1961

serienmäßigen Lieferumfang, er war aber als Sonderausrüstung gegen Aufpreis erhältlich. Die vorhandene Riemenscheibe konnte für stationäre Anwendungen, wie z. B. zum Antrieb von Dreschmaschinen eingesetzt werden.

Von 1959 bis 1964 wurde das kleinste Modell der neuen Reihe, der Typ D 15 gebaut, der das Deutz-Angebot für Kleinlandwirte abdeckte. Der D 15 besaß ein neues Sechsganggetriebe mit zwei Rückwärtsgängen von ZF. Das luftgekühlte F 1 L 712-Aggregat mit 850 cm^3 Hubraum war auf 14 PS bei 2400 U/min angehoben worden. Den 920 kg wiegenden mit einer Dreipunkthydraulik bestückte D 15 baute man aus Kapazitätsgründen seit 1962 nicht mehr in Köln, sondern bei der mittlerweile dem KHD-Konzern angehörenden Firma Fahr in Gottmadingen. Eine D-15-Version besaß anstelle der Hydraulik eine höhenverstellbare Ackerschiene und ein für Grünland-Betreiber vorgesehenes Seitenmähwerk. Der D 15 war auf Wunsch natürlich auch mit einem Wetterdach und passenden Seitenteilen aus Segeltuch erhältlich. Ebenso konnten vordere Kotflügel montiert werden. Auch vom D 15 gab es eine Plantagenausführung mit schmaler Spurweite.

Mit den nur kurze Zeit gebauten Zwischenmodellen D 25.1 und D 25.1 S wurden auch die Zweizylindertypen optisch überarbeitet. Sie erhielten u. a. eine neue, die D-Reihe charakterisierende vorn abgerundete Motorhaube mit Zierleisten, die dem damaligen Zeitgeschmack nachempfunden waren. Unter dieser Haube aber verbarg sich die gleiche Technik wie bei den früheren Typen D 25 und D 25 S. Im Jahr 1960 endete die Fertigung beider Typen zugunsten des D 25.2.

Deutz D 30 S mit Mähwerk und Fritzmeyer-Allwetterverdeck von 1962

Dieses ab 1960 gefertigte Modell hatte das neuentwickelte achtgängige Deutz-T-25-Getriebe mit Vorgelege erhalten, welches auch in einige Porsche-Traktoren eingebaut wurde. Die Motorleistung des 1700-cm^3-Aggregats blieb zunächst bei 20 PS. Ab

Deutz D 30 S mit F 2 L 812-Motor von 1965

Deutz D 40 mit Fritzmeyer-Allwetterverdeck von 1963

1964 wurde das neue, gleichfalls mit einem Schwungradgebläse ausgerüstete und nach dem Wirbelkammerverfahren arbeitende F 2 L 812 Dieseltriebwerk mit 22 PS in diesen Traktor installiert.

1960 schließlich erschien das leistungsstärkere Zweizylinder-28-PS Modell D 30, das seine Kraft aus dem luftgekühlten F 2 L 712-Motor bei 2300 U/min herausholte. Der mittelschwere D 30 (bzw. die parallel mit Motorzapfwelle gefertigte Variante D 30 S) wog 1260 kg und war mit dem in zwei Schaltgruppen unterteilten neuen Achtganggetriebe des D 25 bestückt.

1960 löste das äußerlich ebenfalls überarbeitete und mit der neuen Sitzposition versehene Modell D 40.1 den bisherigen Dreizylindertyp D 40 ab. Das verwendete 2550-cm^3-Triebwerk F 3 L 712 blieb mit der Leistung von 35 PS mit jenem des D 40 identisch. Mit diesem und den nachfolgend angesprochenen mittelschweren, recht zugstarken Schleppern wurde den Wünschen der Kundschaft Rechnung getragen, die nach immer stärkeren Traktoren verlangte. Um das Gewicht in Grenzen zu halten, wurde schon bald die Ausführung D 40 L mit dem neuen achtgängigen T-35-Getriebe und einer als "Transfermatic" bezeichneten, von Deutz entwickelten fahrunabhängigen Zapfwellenhydraulik angeboten, der sich in den Absatzzahlen schnell an die Spitze setzte. Bei diesem Traktor konnte das Gewicht von 1920 kg beim D 40.1 auf nur noch 1450 kg gesenkt werden. Der D 40 L wurde damit der meistverkaufte Traktor seiner Leistungsklasse in Deutschland. Dieses war ein Zeichen dafür, wie sich innerhalb von zehn Jahren der Leistungsbedarf der Traktoren nach oben hin verschoben hatte. Daneben gab es noch den mit 38 PS stärkeren D 40.1 S, der den früheren D 40 S ersetzt hatte, für den – trotz des überaus erfolgreichen D 40 L – weiterhin eine Nachfrage bestand.

Seit 1960 wurde das 46 PS starke und 2125 kg schwere Vierzylindermodell D 50 gebaut, welches noch über das siebengängige Deutz-Getriebe des alten F 2 L 514/6 verfügte, das damit auch an der oberen Grenze seiner Belastbarkeit angelangt war. Im nachfolgenden, leistungsmäßig auf 52 PS angehobenen D 50.1 S wurde diesem Problem Rechnung getragen, indem dieser Traktor mit einem neuen achtgängigen Getriebe von ZF und gleichzeitig mit einer von der gleichen Firma stammenden Hydraulikanlage ausgerüstet wurde. Erst mit Hilfe dieses stärker dimensionierten Getriebes, bei dem der Landwirt nun acht Vorwärts- und vier Rückwärtsgänge zur Verfügung hatte, war es möglich, die Motorleistung um sechs PS zu erhöhen. Neu bei der letzteren Ausführung waren elastische Federspeichen des Lenkrades, welche die Vibrationen des Motors minderten. Für große Höfe und Gutsbetriebe waren diese schweren selbstverständlich auch mit Druckluftanlagen ausrüstbaren Traktoren genau die Richtigen.

Deutz D 40 L von 1964

Ab 1964 gelangten die neuen mit Axialluftkühlung ausgerüsteten 812er-Motoren in das Traktorenprogramm von Deutz zum Einbau. Bereits in diesem Jahr wurde die bisherige Modellreihe auf die neuen Aggregate umgerüstet, die einen Vorgriff auf die ein Jahr später stattfindende erneute Überarbeitung der gesamten Reihe zur 05er-Bauserie darstellen sollte. Im Jahr 1964 hatte Deutz mit dem schweren sechszylindrigen Modell D 80 den Einstieg in das Großtraktorengeschäft vollzogen. Dieser nur in kleiner Stückzahl gefertigte Traktor besaß das zum Sechszylinderdieselmotor mit 5100 cm^3 Hubraum entwik-

Deutz D 50 S von 1964

Deutz D 50 S 1 mit Fritzmeyer-Allwetterverdeck von 1964

Deutz D 5005 von 1966

kelte neue F 6 L 812-Aggregat mit Luftkühlung, welches anfangs 75, später beachtliche 80 PS mobilisieren konnte. Das gut abgestufte ZF-A-230-Getriebe des mit der Regelhydraulik "Transfermatic" von Deutz ausgerüsteten Traktors war in acht Vorwärts- und vier Rückwärtsgänge aufgeteilt. Dieses später als D 8005 weitergeführte Modell war gleichzeitig der erste in Deutschland gefertigte Traktor mit einem Sechszylindertriebwerk.

1965 hatte Deutz das Schlepperprogramm erneut überarbeitet und stellte damit als Nachfolgerin der

Deutz D 5505 von 1965

bisherigen Modellreihe den Kunden die D 05-Serie vor. Diese, auf den bewährten und erfolgreichen Vorgängertypen und den neuen, durch Ausrüstung mit Axial-Kühlluftgebläsen wesentlich ruhiger laufenden 812er-Motoren, basierende Reihe, zeichnete sich durch eine weitgehende Austauschbarkeit und Vereinheitlichung der Baugruppen aus. Ebenso erhalten blieb das äußere Erscheinungsbild mit der abgerundeten Motorhaube und den seitlich angeordneten Scheinwerfern. Zusätzlich sorgte bei den vierzylindrigen Modellen ein neues Massenausgleichsgetriebe für eine wesentlich gesteigerte Laufruhe.

Die neue Schlepperreihe begann mit dem leistungsschwächsten Zweizylinder-Modell D 2505 mit 22 PS, das den früheren D 25 ersetzte und endete mit dem schweren, 3720 kg wiegenden 80 PS Sechszylinder D 8005, dem technisch nahezu unveränderten Nachfolgetyp des D 80. Im Gegensatz zum D 80 hatte der D 8005 nun eine einteilige Motorhaube. Seit 1966 gab es dieses derzeit größte Deutz-Modell als D 8005 A auch in einer Allradausrührung, bei der das Gewicht auf 4320 kg anstieg.

Nachfolger des D 30 S wurden der 28-PS-Schlepper D 3005. Der mittelschwere D 4005 mit 35 PS ersetzte den erfolgreichen D 40 L, von dem er sich neben dem wesentlich leiseren Dreizylindermotor F 3

Deutz D 80 mit Fritzmeyer-Allwetterverdeck von 1964

Deutz D 8005 von 1966

Bild 40: Kleine Deutz-Schlepperparade am Rande eines Veteranentreffens

L 812 S durch eine veränderte Vorderachse und die eingebaute Deutz-Transfermatic-Hydraulik unterschied. Mit dem 45 PS starken Vierzylindermodell D 5005 wurde die Lücke geschlossen, die der D 40.1 S hinterlassen hatte. Er hatte ein der höheren Motorleistung entsprechendes neuentwickeltes Sechsganggetriebe erhalten, und der Vierzylinder hatte im Hinblick auf bessere Laufruhe nun auch ein Massenausgleichsgetriebe. Seit 1967 wurde der D 5005 mit dem neuen achtgängigen, wesentlich besser abgestuften Getriebe TW 50.1 angeboten.

Darüber hinaus gab es den D 5505 mit 52-PS-Vierzylindermotor, der die Nachfolge des gleichstarken, allerdings noch ohne Massenausgleichgetriebe lieferbaren D 50.1 antrat. 1967 ersetzte das neue, gegenüber dem D 5505 auf 58 PS angehobene Folgemodell D 6005 diesen Schlepper. In Anbetracht der höheren Leistung hatte dieser Traktor ein für diese Klasse geeignetes Getriebe, das in drei Schaltgruppen unterteilte neungängige TW 55 von Deutz erhalten. Der Vierzylindermotor entstammte einer neuen, nach dem Direkteinspritzverfahren arbeitenden Baureihe. Auch den D 6005 gab es in einer Allradvariante.

Das im Jahr 1967 gebaute leistungsmäßige Spitzenmodell dieser Traktorenreihe war der ebenfalls bereits mit einem direkteinspritzenden Sechszylindertriebwerk und einem neuen Getriebe bestückte D 9005, aus dessen Motor mit 5100 cm^3 85 PS bei 2300 U/min erzeugt wurden. Dieser schwere Traktor löste den D 8005 ab. Bei diesem, wiederum in einer Allradausführung lieferbaren Spitzenmodell, war durch das neue Getriebe bedingt, der Radstand gegenüber dem D 8005 um 100 mm auf 2550 mm angewachsen. Gleichfalls neu war die Bestückung mit einer hydraulischen Trommelbremsanlage.

Mit dem Einbau der neukonstruierten Direkteinspritzmotoren in die Modelle D 6005 und D 9005 endete die langjährige Tradition mit nach dem Wirbelkammerverfahren arbeitenden Aggregaten dieses Herstellers. Sie stellten damit schon einen Vorgriff auf die D-06-Reihe dar, die 1967 präsentiert wurde und ein Jahr später in Serie ging.

Diese teilweise bis in die 80er Jahre gefertigte umfangreiche und erneut in der Leistung angehobene Traktorreihe soll aber nicht mehr Thema dieses Artikels sein und einer möglichen Fortsetzung vorbehalten bleiben.

Sicherheit in Steillagen

von Werner Kuhn

Familienvater bei Unfall mit Schmalspur-Traktor in seinem Weinberg schwer verletzt. Nach Augenzeugenberichten hatte der junge Mann schon über die Hälfte seines am Steilhang liegenden Weinberges gespritzt, als es passierte. Bei der Talfahrt wurde der Schlepper aus bisher nicht geklärten Gründen immer schneller und raste schließlich mit hoher Geschwindigkeit den Steilhang hinunter, kippte um und begrub den Fahrer unter sich. Dabei hatte er noch Glück im Unglück, dass zu gleicher Zeit noch mehrere Winzer in den angrenzenden Weinbergen arbeiteten. Sie konnten den Traktor etwas anheben und den schwerverletzten Mann bergen. Mit schweren Quetschungen und Knochenbrüchen wurde er durch den herbeigerufenen Rettungsdienst in das städti-

Schmalspur-Traktoren mit ausgefahrenen Bremszinken

Sicherheitseinrichtung SK 2000 mit Druckzylinder an einem Fendt der 210er Reihe

sche Klinikum eingeliefert, wo er mehrere Stunden operiert wurde. Nach Aussage des Chefarztes besteht keine Lebensgefahr mehr."

So oder so ähnliche Berichte konnte man schon öfters in den Medien hören oder lesen. Dabei kam für manchen Traktorfahrer jede Hilfe zu spät. Da stellt sich nun die Frage, wie passiert so etwas und wo sind die Ursachen? Staatliche Landes-, Lehr- und Forschungsanstalten und die Berufsgenossenschaft haben die Unfälle untersucht und kamen zu folgenden Ergebnissen:

Der Einsatz von allradgetriebenen Schmalspur-Traktoren lässt die Bewirtschaftung von Weinbergen mit extremen Steillagen, wie sie z.B. an der Mosel, in Baden-Württemberg oder im Rheingau vorkommen, zu. Dabei befinden sich die Maschinen oft im Grenzbereich, was die Bodenhaftung betrifft. Wird nun die Schubkraft größer als die Haftungskraft, kommen die Naturgesetze voll zur Geltung und der kleine Kraftprotz rast unkontrollierbar zu Tal. Die Ursache kann ein Fahrfehler oder eine Verkettung von unglücklichen Umständen sein.

Betrachten wir nun zuerst einmal die Ursachen der Unfälle durch Fahrfehler. In einem Fall hatte der Bediener bemerkt, dass er einen zu hohen Gang eingelegt hatte. Er bediente die Kupplung und wollte den nächst kleineren Gang einlegen. Doch in diesem Moment setzte sich das Fahrzeug trotz Bremsversuche Richtung Tal in Bewegung. Er schaffte es auch nicht, einen Gang einzulegen. Damit hatte der Winzer keine Chance den Traktor unter Kontrolle zu bringen. In einem anderen Fall schob ein mit 500 Litern beladener Spritzenanhänger den Schmalspurschlepper trotz Motor- und mechanischer Bremsung unkontrollierbar talwärts. Die Ursache lag darin, dass der Anhänger ohne eigene Bremsen für die extreme Steillage zu schwer war. Andere Umstände wie Bruch einer Antriebswelle, Motorausfall oder auch abrutschender Boden können zum Unfall führen, ohne dass der Traktorfahrer einen Fehler gemacht hat.

Zur Vermeidung solcher Unfälle erfanden im Laufe der Jahre einige Landmaschinenmechaniker z.T. abenteuerliche Konstruktionen als zusätzliche Sicherheitseinrichtung für den Einsatz der Weinbergschlepper im Steilhang. Doch nur wenige waren brauchbar und wurden vom Technischen Überwachungsverein (TÜV) auch zugelassen.

Beim Unternehmen Maihöfer in Fellbach bei Stuttgart, das sich auf Verkauf und Reparatur von Geräten im Garten-, Obst- und Weinbau und kommunalen Einsatz spezialisiert hat, kamen des öfteren völlig demolierter Schmalspur-Traktoren aus Unfällen am Steilhang zur Reparatur in die Werkstatt. Die meisten Kunden des Hauses Maihöfer bearbeiteten Weinberge in „sonnigen Hängen" Baden-Württembergs rund um Stuttgart. Aus diesem Grund beschäftigten sich Herr Maihöfer und sein Meister, Herr Schwarz, Ende der achtziger Jahre mit dem Thema „Sicherheit in Steillagen". Skizzen, Pläne und Modelle wurden erstellt und mit der Zeit wieder verworfen. Als Anfang der neunziger Jahre ein Winzer aus Stuttgart mit seinem Fendt 203 V in seinem steilen Weinberg verunglückte (er zum Glück unverletzt, Schaden am Schlepper etwa 7000 Euro), bat er um den Einbau einer Sicherheitseinrichtung. Inzwischen war die Idee einer Sicherheitsbremse für Steillagen bei dem Landmaschinenmechaniker Meister Schwarz schon zur technischen Umsetzung gereift. Nach seinen Vorstellungen sollte ihr nachträglicher Einbau für jeden Schlepper möglich sein und sie sollte den Anbau und die Funktion von Zwischenachsgeräten nicht behindern. Darüber hinaus sollte sie in ihrer Wirkung dosiert regelbar, nach Inbetriebnahme des Schleppers sofort und auch bei Motorstillstand noch voll wirksam sein. Dabei muss

- die Speicherladehydraulik unabhängig vom Fahrer arbeiten,
- die Zinkenbremse sowohl bei Vorwärtsfahrt als auch beim Abrutschen in Rückwärtsfahrt voll funktionsfähig,
- beim Abwürgen des Motors ein einmaliges Eindrücken der Zinken in das Erdreich mit ungeminderter Kraft möglich sein,
- das Eindrücken der beiden Zinken gleichmäßig geschehen,
- die Bremse leicht bedienbar sein, d.h. dass im Notfall der Bremsvorgang durch einen kleinen Handgriff ausgelöst werden kann,
- die Bremse von der Landwirtschaftlichen Berufsgenossenschaft anerkannt und
- eine Abnahme durch den Technischen Überwachungsverein (TÜV) möglich sein.

Diese Forderungen wurden wie folgt umgesetzt: Eine TÜV-geprüfte, mobile Fahrzeugspeicherladehydraulik befüllt einen Hydraulikspeicher. Damit wird der Vorratsdruck automatisch geprüft und falls erforderlich nachgeladen. Die Steuerung der Zinken erfolgt über ein handbetätigtes Steuergerät, das in der Nähe des Lenkrades angebracht ist. So kann der Fahrer bei Bedarf den Hebel bedienen und hat die Hand sofort wieder am Lenkrad. Damit werden die beiden kräftigen Zinken hydraulisch bewegt und mit hoher Kraft in den Boden gedrückt. Die Zinken sind rechts und links am Schlepper befestigt. Der Anbau erfolgt bei starren Traktoren zwischen der Vorder- und Hinterachse. Bei Schleppern mit Knicklenkung je nach Gewichtsverhältnissen vor oder hinter den Vorderrädern.

Die Wirkungsweise der Steilhangbremse ist nachfolgend beschrieben: Nach dem Start des Motors werden über die Speicherladehydraulik in Abhängigkeit des Druckmessers die beiden Druckzylinder vorrangig beaufschlagt. Dabei wird Stickstoff mit hohem Druck durch das Hydrauliköl zusammengepresst. Nach 20 Sekunden ist die Anlage bereits voll funktionsfähig. Im Gefahrfall bedient der Fahrer(in) den Hebel und die Bremszinken werden je nach Hebelstellung teilweise oder ganz durch die Druckzylinder bis zu 300 mm in den Boden gedrückt. Bei Motorstillstand verbleiben sie in der Endstellung. Der Widerstand des Erdreiches bremst nun den Schlepper je nach Zinkentiefe teilweise oder bis zum Stillstand ab.

Sicherheitshebel mit Steuerventil

Wegen der hohen Widerstandskraft sind die Bremszinken sehr stark ausgeprägt.

Die Berufsgenossenschaften haben die Sicherheitseinrichtung SK 2000 nach eingehenden Tests anerkannt. Jede Anlage wird nach dem Einbau vom TÜV einzeln abgenommen.

Im Mai 1995 präsentierte die Firma Maihöfer ihre Erfindung auf der internationalen Weinbau-Ausstellung „Intervitis" in Stuttgart unter der Firmenbe-

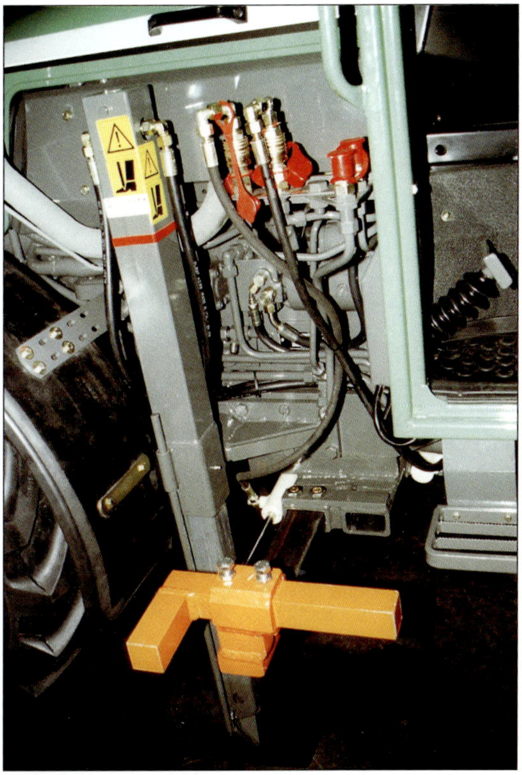

Hub-/Druckzylinder in Ruhestellung

zeichnung „Sicherheitseinrichtung SK 2000" für Schmalspur- und Plantagenschlepper in der Steillagenbewirtschaftung. Diese auch zum nachträglichen Einbau für jeden Schmalspur-Traktorentyp geeignete Einrichtung überzeugte nicht nur das Fachpublikum, sondern auch die Jury. Sie zeichneten die Erfindung mit der Intervitis Interfructa-Plakette 1995 aus.

Die Anlage kostet inklusive Einbau etwa 8 000 Euro und wurde mittlerweile bei über 100 Traktoren installiert. Eine Investition die sich lohnte. Denn bei allen Traktoren konnte die Sicherheitseinrichtung bisher schwere Unfälle vermeiden.

Sicherheitseinrichtung SK 2000 im Wirkzustand an einem Eicher 645 V

Max von Eyth

Ingenieur, Dampfpflug-Pionier, Poet

von Achim Bischof

Max Eyth (1836-1906), Ingenieur, Erfinder, Dampfpflug-Spezialist, Zeichner, Dichter und Poet Quelle: DLG-Verlag

Sicher wäre es seinem Vater, dem wohlbestallten Oberlehrer, oder wie man damals sagte: „Oberpräzeptor", an der Kirchheimer Lateinschule, lieber gewesen, wenn auch sein Sohn Max Lehrer oder Pfarrer geworden wäre. Schon allein um eine alte Familientradition fortzusetzen. Max war als Stammhalter am 6. Mai 1836 in dem Städtchen Kirchheim unter Teck in Württemberg geboren worden. Drei Jahre später bekam er eine Schwester und 1851 noch einen Bruder, der auch nicht Lehrer oder Pfarrer wurde, sondern Ingenieur wie sein großer Bruder im gleichen Betrieb.

Das von Max Eyth um 1880 gemalte Aquarell zeigt einen Fowler-Dampfpflug mit einem Kipppflug beim Pflügen im Zwei-Maschinen-System. Im Bild rechts steht der „Chef", der Pflugmeister. Auf der Lokomobile hat der Maschinist eine Hand am Pflugbetriebshebel, der die Seiltrommel ein- und ausschaltet, und die andere Hand am Umsteuerungshebel, mit der die Steuerung der Dampfmaschine betätigt wird. Auf dem Kipp-Pflug am Lenkrad sitzt der Pflugführer und am Ende des Pflugholms der „Schwanzmann", der als Balance-Gewicht diente und am Furchenende beim Kippen des Pfluges half. Man erkennt auch das größere Furchenrad des Pfluges Quelle: DLG-Verlag

Als Siebzigjähriger fährt Max Eyth noch einmal in seine Geburtsstadt Kirchheim u.T. und zeichnet sein Geburtshaus. Sein letztes Skizzenbuch befindet sich im Museum der Stadt Kirchheim

Max war fünf Jahre alt, als sein Vater eine Professur am Evangelisch-theologischen Seminar im nahen Schöntal an der Jagst bekam. Nun war das alte, ehrwürdige Zisterzienserkloster seine unmittelbare Umgebung und sein Vater hoffte, dass er sich nun doch noch für Philosophie und Theologie entscheiden würde. Aber Sohnemann war mehr interessiert an technischen Dingen und studierte lieber Mechanik und Maschinenbau am Polytechnikum in Stuttgart. Und das war gut so, denn die Technik bestimmt sein weiteres erfolgreiches und ausgefülltes Leben.

Übrigens, diese Liebe zur Technik verdankte Max Eyth einem Kindheitserlebnis. Er hatte mit seinem Vater einen Ausflug nach Ernstbach unternommen, an den Kocher, wo es eine Papiermühle gab und ein vom Wasser angetriebenes Hammerwerk. Und dieses „tapp, tapp, tapp" hatte Max nachhaltig beeindruckt. Er wollte Ingenieur werden. Er schreibt selbst: „Ob ich auf der Bergkante über dem Kochertal oder erst im weiteren Verlauf jenes Nachmittags „Ingenieur" wurde, weiß ich nicht genau. Aber an jenem Tage geschah's, und das Tapptapp meines fernen eisernen Freundes ist mir eine Art Wahlspruch geworden, der sich immer leidlich bewährt hat."

Im September 1836 bestand er die Abschlussprüfung und fand eine erste Anstellung als technischer Zeichner in der Maschinenfabrik Hahn & Göbelin in Heilbronn, wo seine Großeltern wohnten. Aber dort war er wenig erfolgreich und wurde schon nach einigen Wochen wieder entlassen. Max Eyth ließ sich dadurch nicht sehr beeindrucken und bewarb sich bei der Konkurrenz, der Firma Gotthilf Kuhn in Berg bei Stuttgart, dem damals führenden württembergischen Hersteller von Dampfmaschinen. Max erhielt den Job, musste aber trotz Abschlussdiplom als Maschinenbauingenieur wieder ganz unten als Schlosserlehrling anfangen. Über seine Tätigkeit schreibt Eyth: „Hier stieg ich aus den tiefsten Tiefen mit zusammengebissenen Zähnen und verschmierter als der schmierigste Lehrjunge langsam empor." Endlich landete er im Zeichenbüro, erhielt erste Konstruktionsaufgaben und erwarb sich bald das Vertrauen seines Chefs.

Hier muss angemerkt werden, dass Eyth in eine sehr interessante Zeit hinein wuchs. Bisher standen nur so genannte „natürliche" Antriebskräfte zur Verfügung, also Menschen und Tiere, Wind- und Wasserkraft. Jetzt hielt eine neue Technik ihren Einzug, die Dampfkraft, und eröffnete völlig neue Möglichkeiten. Es begann zum Beispiel in der Landwirtschaft mit dem Dreschen. Was bisher mit vielen Arbeitskräften oft während des ganzen Winterhalbjahres erledigt werden musste, schafften nun die von Dampflokomobilen angetriebenen Dreschkästen in wenigen Tagen. Ein weiteres großes Einsatzgebiet war das Urbarmachen und die Bearbeitung der Felder mit Dampf-Seilzugaggregaten, wie sie beispielsweise von Fowler seit 1850 entwickelt wurden. Eine so tiefe Furche hatte man bisher nicht ziehen können! Dampf machte es möglich. Elektromotoren kamen erst ganz vereinzelt auf und der Verbrennungsmotor steckte noch in den allerersten Kinderschuhen.

Entscheidend für den weiteren Lebensweg von Max Eyth wurde eine Geschäftsreise nach Paris mit dem Auftrag, auf der Weltausstellung den Lenoir'schen Gasmotor gründlich zu studieren und dem Franzosen möglichst einiges abzugucken. Eyth

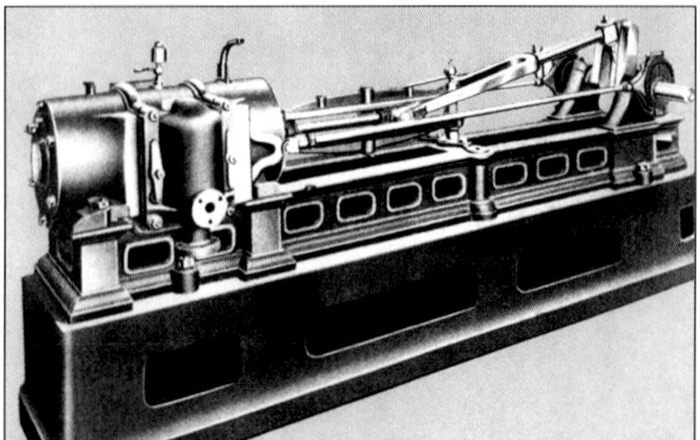

Der von dem belgischen Ingenieur Etienne Lenoir entwickelte und in Paris ausgestellte Gasmotor glich eher einer liegenden Dampfmaschine als einem Verbrennungsmotor. Trotzdem erregte er viel Aufsehen

Die Einladung zum Hohenheimer Feldtag 2000 zeigt die Bodenbearbeitung mit einem Dampfpflugsatz

hatte nämlich mit einem selbstgebauten Versuchsmotor Schiffbruch erlitten. Nun, der von Jean Etienne Lenoir gebaute Motor sah einer liegenden doppeltwirkenden Dampfmaschine ähnlicher als einem Verbrennungsmotor, wie wir ihn heute kennen. Ein Gemisch von Luft und Leuchtgas strömte mittels eines Schiebers abwechselnd auf beide Seiten des Kolbens ein. Ein elektrischer Funke entzündete das Gemisch und die Verpuffung drückte den Kolben vorwärts. Der Motor arbeitete noch ohne Kompression und die abgegebene Leistung war entsprechend gering. Er funktionierte einigermaßen gut und war wohl der erste wirklich brauchbare Verbrennungsmotor. Verständlicherweise versetzte er damals die technische und die wissenschaftliche Welt in helle Aufregung. Es hatte den Anschein, als ob wiederum ein neuer Abschnitt der Antriebskräfte eingeleitet wurde. Man ahnte, dass der Verbrennungsmotor eines Tages der Dampfkraft ernsthaft Konkurrenz machen und sie sogar ganz ablösen könnte.

Auf den jungen Schwaben Max Eyth machte die Weltstadt Paris mit ihrem geschäftigen Treiben einen starken Eindruck. Die Avenue des Champs-Elysée, die Tuilerien mit dem Louvre, Monmartre mit Sacré Cœur, das Quartier Latin, die vielen Museen, aber auch die freundliche und leichtlebige Art der Franzosen – er atmete erstmals den „Duft der großen, weiten Welt". Sein Württemberg erschien ihm jetzt klein und spießbürgerlich, in ihm war die Reiselust und das Fernweh erwacht. Er kündigte kurzerhand bei Gotthilf Kuhn und begab sich auf Arbeitssuche in den aufstrebenden, pulsierenden Industriezentren an Rhein, Ruhr und Maas. Allerdings erfolglos. Eigentlich wollte er auch weiter weg, hinaus in die große, weite Welt. Besonders reizvoll erschien ihm England, das Land, aus dem die ersten Lokomotiven kamen und in dem die Industrialisierung offensichtlich schon viel weiter fortgeschritten war. Dort, im „klassischen Land der Maschinenbauer", wollte er arbeiten, lernen, sein Wissen erweitern und anwenden.

Der Dampfpflug-Spezialist

Er hatte großes Glück, denn er fand nach anfänglicher mühevoller Stellungssuche und einigen Enttäuschungen 1962 eine Anstellung bei der renommierten Dampfpflug-Fabrik von John Fowler in Leeds. Fowler war gerade bei der Seilzugtechnik ein entscheidender Durchbruch gelungen mit der Anwendung des „Zweimaschinen-Systems", also der Verwendung einer zweiten Lokomobile anstelle des Ackerwagens mit Umlenkrolle. Man nannte Fowler

1. Balancierpflug.

2. Grubber.

3. Zweimaschinensystem.

4. Einmaschinensystem.

5. Rundherum-System.

Dampf-Bodenkultur

Ein Dampfflugsatz von Fowler bei der Vorführung von Ödlandkultivierung (um 1890)

jetzt den „Beherrscher des Dampfpflugs". Eyth freute sich, hier untergekommen zu sein. Zwar musste er wieder klein anfangen, in der Werkstatt mit Hammer und Schraubenschlüssel, aber Eyth sah das positiv, denn so lernte er die englischen Maschinen sehr gründlich kennen, was ihm später zugute kam. Das Einstellungsschreiben, das Eyth von Fowler erhielt, lässt sich etwa so übersetzen: „Wenn Sie Lust haben, in meine Maschinenfabrik einzutreten, so finden Sie einen Schraubstock. Sobald sich Gelegenheit bietet, sollten Sie dampfpflügen lernen, wofür ich sorgen werde. Das Weitere muss sich finden." Und es fand sich tatsächlich, denn schon nach wenigen Monaten vertraute ihm Fowler die verantwortliche Betreuung eines Messestandes bei der Londoner Weltausstellung an. Eyth hatte inzwischen Englisch gelernt und zeigte viel Geschick im Umgang mit Menschen. Seine intensive Beschäftigung mit den neuen Lokomobilen trug Früchte, denn er hatte sich eine wesentliche Verbesserung ausgedacht, eine Wickelvorrichtung für das Drahtseil, die es ermöglichte, die Windetrommel horizontal unter dem Kessel anzuordnen.

Fowler schickte ihn noch im gleichen Jahr als Vertreter seines Werkes nach Ägypten. Seine Aufgabe war es, Vorführungen des Dampfpfluges am Ufer des Nils zu organisieren, vor den erstaunten Fellachen. So nannte man damals die ackerbautreibende Landbevölkerung Syriens, Palästinas, Arabiens und Ägyptens. Er kam bei den Leuten gut an und erhielt nicht nur Aufträge, sondern bald auch den Spitznamen „Dampfpflug-Missionar".

Für den Baumwollanbau in Ägypten war zu dieser Zeit eine leistungsfähige Technik zur Bodenbearbeitung und zur Bewässerung dringend nötig. Der große Bedarf an Baumwolle war eine Folge des Bürgerkrieges in Amerika, der 1861 begonnen hatte und 1865 mit einer Niederlage der Südstaaten endete.

Die von John Fowler hergestellte „Compound-Pfluglocomotive"

Kosten und Leistung für Heissdampfapparate der Firma John Fowler & Co. LTD, Modellreihe KS

Betriebskosten pro zehnstündigen Arbeitstag

Wir werden häufig um die Angabe der Betriebskosten für unsere Apparate gebeten, aber es ist klar, dass diese von der Qualität des Brennmaterials, der Geschicklichkeit der Arbeiter, der Beschaffenheit des Bodens, der Art der zu leistenden Arbeit, der Entfernung der Maschinen voneinander, der Führung des Apparates im allgemeinen, ob Ackerland oder Brache, und dem Umfang der Hindernisse im Boden oder an der Oberfläche wie Wurzeln, Steine oder übermässiges Unkraut abhängig sind.
Die folgenden Arbeiten werden indessen eine Schätzung entsprechend den örtlichen Verhältnissen ermöglichen.

Unterhaltung.

Einschließlich Ersatzteile .... Mk. 17,50

Mannschaft.

Ein Maschinenmeister......................... " 15,-
Zwei Maschinisten .... " 20,-
Ein Pflugmann .... " 8,-

Brennmaterial.

Kohle 725 kg. zu Mk. 30,- pro Tonne... " 21,75

Oel, Fett, etc. für Maschinen und Pfluggeräte

Fowler Cylinderöl
1,7 l. zu Mk. 0,80 pro l........................... "1,55
Fowler Maschinenöl
1,13 . zu Mk. 0,22 pro l......................... " 1,55
Fett 0,25 kg. zu Mk. 1,- pro ko............. " 0,25
Putzwolle und Verschiedenes ...." 2,50

Kosten für Kohlen- und Wasser Zufuhr.

4900 l. Wasser .... " 15,-
725 kg. Kohle... " 3,-

Für Abschreibungen ist ein Betrag nach freiem Ermessen einzusetzen. Das Kabelgerät wird bei regelmässigem Gebrauch und guter Wartung mindestens 30 bis 40 Jahre und darüber halten.

Leistung pro zehnstündigen Arbeitstag

Es leuchtet ein, dass die Leistung eines Apparates von örtlichen und anderen Verhältnissen abhängt wie Geschicklichkeit des Führers, Bodenbeschaffenheit, Art der Arbeit, Entfernung der Maschinen voneinander und Führung des Apparates im allgemeinen, aber bei mittlerem Ackerland ohne Hindernisse im Boden oder an der Oberfläche wie Wurzeln, Steine oder übermässiges Unkraut und unter normalen Verhältnissen können folgende Zahlen als massgebend für die Leistung des Apparates angenommen werden:

Flach pflügen .... 13 cm tief......... 8,8 Hektar
Mitteltief pflügen.............23 cm "............6,8 "
Tief pflügen......................35 cm "............5,3 "
Tellerscheiben pflügen
..............................20 bis 25 cm "............6,8 "
Rigolen..................30 bis 48 cm "............2,2 "
Tief grubbern ....30 bis 35 cm "..........11,6 "
Mitteltief grubbern
..............................20 bis 30 cm "..........13,6 "
Kultivator (mit Feder- oder starren Zinken) ....7,6 bis 15 cm "...........18,- "
Scheiben Egge..14,4 "
Zinken Egge...18,- "
Häufelpflügen.........15 bis 30 cm "..........10,4 "
Rüben heben..13,6 "
Maulwurf-Drainage mit Kanälen
von 5 m Entfernung von einander..............5,4 "

In der Praxis sind viele der obigen Leistungen bei weitem überschritten, und wir haben Fälle zu verzeichnen, wo die folgenden Zahlen in einem Tagewerk erreicht wurden:

Pflugarbeit 30 cm tief.............. ......12 Hektar

Werbung des in Magdeburg errichteten Zweigwerkes von John Fowler & Co. Der Stammsitz befand sich in Leeds, Mittelengland. Die Magdeburger Zweigniederlassung bestand von 1872 bis zum Ersten Weltkrieg. Dann übernahm R. Wolf, Magdeburg-Buckau, den Betrieb

Werbeanzeige der Firma Turner aus Magdeburg von 1912. Turner bot schon seit 1872 Lohnpflugarbeiten an

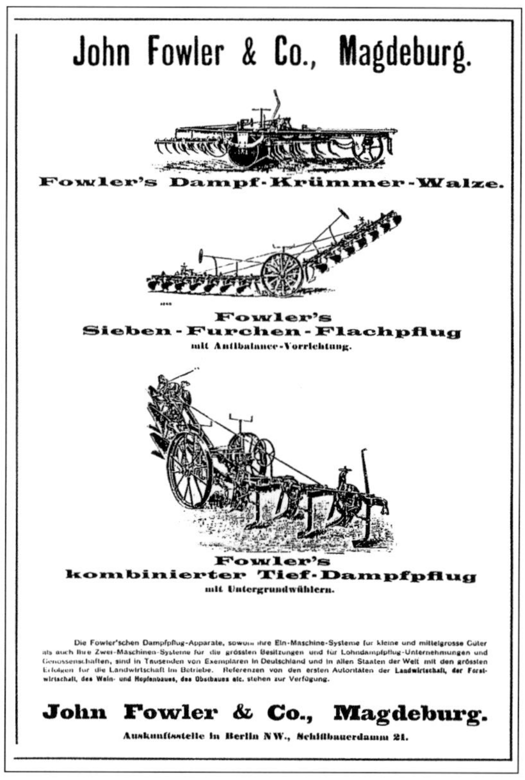

Der Dampfpflug-Fabrik

von

JOHN FOWLER & Co.

in

MAGDEBURG

wurde auf der

Ausstellung der Deutschen Landwirthschafts-Gesellschaft

in

Frankfurt a. M.

vom 9. bis 13. Juni 1887

die

Grosse Verdienst-Medaille

für

ihren neuesten Dampfpflug

zuerkannt.

Die Baumwollausfuhren waren dadurch immer geringer geworden und versiegten schließlich ganz. Nun geriet auch die englische Textilindustrie in eine schwere Krise. Die Weltmarktpreise für Baumwolle stiegen rasant an und es mussten möglichst schnell neue Anbaugebiete gefunden werden. Das war die große Chance für die Firma Fowler, deren Dampfpflüge sich bei Vergleichswettbewerben als die besten erwiesen hatten, und natürlich auch für Max Eyth, der es glänzend verstand, die Dampfpflug-Technik anzubieten und erfolgreich einzusetzen. So erfolgreich, dass er bald zum „Baschmahandi", zum Chefingenieur des Prinzen Halim Pascha von Ägypten avancierte. Dieser war der Onkel des Vizekönigs von Ägypten und zugleich der weitgrößte Grundbesitzer des Landes. Schließlich arbeiteten auf Halim Paschas Ländereien von Damiette bis Assuan über 165 Dampfmaschinen von 4 bis 160 PS. Für Max Exth war es ein Traumjob, es war sein großes „Abenteuer Ägypten", das er in seinen beiden Büchern „Hinter Pflug und Schraubstock" und „Der Kampf um die Cheopspyramide" anschaulich beschrieb.

Doch leider währte dieses Glück nur bis zum Jahre 1866. Neid, Missgunst und Intrigen führten zum Zusammenbruch des Betriebes von Halim Pascha und Max Eyth verlor dadurch seine Stellung. Als erfahrener Optimist ließ er sich nicht entmutigen, er verließ sein Haus in Schubra, sein geliebtes Ägypten, und kehrte nach Leeds zurück. Doch Fowler hatte schon einen neuen Auftrag für ihn; er sollte Amerika für die Dampfpflugkultur gewinnen. Also trat er die Schiffsreise über den großen Teich an. Von Ägypten nach Amerika – die Gegensätze konnten nicht größer sein. Von der Beschaulichkeit des Orients in ein Land, wo sich die Gleichung „Zeit ist Geld" ins Bewußtsein der Menschen eingebrannte hat. Eyth schreibt: „Dabei der sausende Hurrikan des täglichen amerikanischen Lebens" und „Niemand hat übrige Zeit in Amerika" – „Time is money". So gewann Eyth zwar viele neue Eindrücke und Erkenntnisse, aber seine

Programm
für das Probepflügen mit Fowler'schen
Dampfpflügen
auf dem Versuchsfelde auf der Stifts-Domaine Wolmirstedt.

Es werden zwei Fowler'sche Dampfpflug-Systeme mit verschiedenen Geräthen in Betrieb gesetzt werden und zwar:
1. Das Fowler'sche Zwei-Maschinen-Dampfpflug-System,
2. Das Fowler'sche Ein-Maschinen-Dampfpflug-System
mit verschiedenen Geräthen.

Die Dampfpflüge werden in Betrieb gesetzt:
am 29. Mai von 9 Uhr Vormittags bis 12 Uhr,
am 31. Mai von 1 Uhr bis 3 Uhr Nachmittags,
am 3. Juni von 9 Uhr Vormittags bis 12 Uhr.

Das Versuchsfeld liegt unmittelbar am Bahnhofe in Wolmirstedt.
Folgende Züge verkehren zwischen Magdeburg und Wolmirstedt:

	Vorm.	Vorm.	Nachm.	Nachm.	Nachm.	Nachm.
Magdeburg Abf.	6	9.30	12.30	1.02	3.30	8.08
Wolmirstedt Ank.	6.23	9.48	1.29	1.20	3.48	8.31

	Vorm.	Vorm.	Vorm.	Nachm.	Nachm.	Nachm.
Wolmirstedt Abf.	5.12	8.35	11.43	3.02	6.42	10.40
Magdeburg Ank.	5.33	8.59	12	3.23	7	11.05

Herr Administrator Schubert auf Stifts-Domaine Wolmirstedt hat sich freundlichst bereit erklärt, Besuchern seine Simmenthaler Stamm-Viehzucht, so wie seine Wirthschafts-Einrichtungen in Hof und Feld zu zeigen.

Bemerkt sei noch, dass die Stifts-Domaine Wolmirstedt seit 11 Jahren schon mit Dampfpflug cultivirt wird, indem Herr Commerzienrath Freise 1869 den ersten Fowler'schen Dampfpflug nach dem Zwei-Maschinen-System in Deutschland einführte, der noch heute in ebenso leistungsfähigem Zustande ist als anfangs.

Seitdem sind über 170 Fowler'sche Dampfpflug-Apparate in Deutschland und Oesterreich (davon 56 in der Provinz Sachsen) angekauft worden.

Nähere Auskunft ertheilen

John Fowler & Co.
Magdeburg.

Ankündigungen eines Schaupflügens in Wolmirstedt während der Magdeburger Landwirtschaftlichen Ausstellung 1880. Noch 1950 waren Dampfpflüge z. B. in Wolmirstedt, Oschersleben, und Schwaneberg im Einsatz. Letztmalig sah man sie Mitte der sechziger Jahre auf den Börde-Äckern

Auch die Firma Andreas Heucke baute seit 1884 zunächst in Hausneindorf, ab 1907 bis 1950 in Gatersleben hervorragende Dampfpflüge und Zubehör

Titelseite eines Kataloges des Dampfpflugherstellers Rheinmetall aus den Jahren um 1920. Der Waffenhersteller mit Sitz in Düsseldorf nahm nach dem Ersten Weltkrieg Dampfpflüge in seine Produktion auf

Erinnerung an Max Eyths große Zeit: Ein Dampfpflug-Friedhof in Ägypten. Das Foto stammt aus dem Jahr 1956

Das Haus Max Eyths in Schubra, Ägypten Aquarell von Max Eyth (Museum Stadt Kirchheim)

Dampfpflüge ließen sich nicht so gut absetzen, wie er gehofft hatte. Der Bürgerkrieg war kaum vorüber und den Pflanzern der Südstaaten fehlte das nötige Kleingeld.

Anders in Deutschland, wo gerade die Zuckerrübenindustrie im Aufblühen war. 1802 hatte Franz Carl Achard in Kunern im Kreise Wohlau in Schlesien die erste Rüben-Zuckerfabrik Europas gebaut und bald folgten weitere Fabriken in Landstrichen, die für den Zuckerrübenanbau besonders geeignet waren. Zum Beispiel der Oderbruch, den Friedrich der Große trockenlegen, kultivieren und besiedeln ließ, oder die Lommatzscher Pflege westlich von Meissen, die Goldene Aue, die fruchtbare Ebene der Helme zwischen dem Harz und dem Kyffhäuser, der Klützer Winkel im Norden, die Elb-Wische bei Seeburg und natürlich die Magdeburger Börde, wo der erste Zuckermarkt Deutschlands entstand. Die großen Flächen, auf denen die Zuckerrübe angebaut wurde, mussten besonders tief gepflügt werden. Es waren also ideale Einsatzgebiete für den Dampfpflug. Fowler erkannte die enormen Absatzmöglichkeiten und baute 1872 einen Zweigbetrieb in Magdeburg auf. Außerdem brachte der gewonnene Deutsch-Französische Krieg Geld ins Land und ermöglichte es manchem Großgrundbesitzer, sich einen Dampfpflug anzuschaffen und damit auch sein Image aufzupolieren. Fowler errichtete bald Niederlassungen in Berlin, Wien, Prag, Budapest, Bukarest, Konstantinopel und Kiew. Max Eyth war die Seele vom Geschäft, er organisierte Schaupflügen, Wettbewerbe und erfolgreiche Verkaufsaktionen. Eyth wurde ein weltweit bekannter und geschätzter Mann, ein gesuchter Experte, der „Grandseigneur des Dampfpflugs“. Nur seiner eigenen Firma wurde er langsam unheimlich. Mit jüngeren Chefs, die inzwischen das Sagen hatten, gab es Meinungsverschiedenheiten und 1882 stieg Eyth aus dem Fowlerschen Unternehmen aus.

Dampfpflüge

Die Aera der Dampfpflüge hatte um das Jahr 1860 begonnen, als die ersten Maschinen von Fowler und anderen Werken auf dem Weltmarkt erschienen und sich rasch über viele Länder verbreiteten. Nachdem sich das erste Verfahren mit einer Lokomobile, Seiltrommeln, Umlenkrollen und Ankerwagen nicht bewährt hatte, führte das Zweimaschinensystem zum Erfolg, zumal die von Max Eyth erfundene Vorrichtung dafür sorgte, dass sich das Seil auf der horizontalen Trommel sauber auf- und abwickelte. Zu einem Dampfpflugsatz gehörten außer der beiden Lokomobilen und dem Kippflug auch Pferdegespanne für die ständige Versorgung der Dampfmaschinen mit Kohle und Wasser, eventuell auch noch ein Küchen- und ein Wohnwagen. Das erforderte eine Besatzung von fünf bis sieben Mann. Ein Dampfpflugsatz verbrauchte am Tag je nach Einsatzbedingungen etwa 750 kg Kohle und über 4000 l Wasser. Nur sehr wenige Betriebe konnten sich eigene Dampfpflüge leisten. Meist gehörten sie Unternehmen, die gegen Bezahlung von Hof zu Hof zogen.

Kemna-Heißdampf-Maschine bei einem Vergleichspflügen 1954

Seilzug-Aggregat mit Verbrennungsmotor von John Fowler mit einer Leistung von 200 PS (Baujahr 1930)

Das Seilzugaggregat SZ 24 wurde von 1960 bis 1961 im Mähdreschwerk Weimar gebaut. Der 5-Schar-Kipp-Pflug kam vom Bodenbearbeitungs-Gerätewerk Leipzig. Die Seillänge betrug etwa 600 m, die Seilgeschwindigkeit im 1. Gang 3,3 km/h und im 4. Gang 7,6 km/h

So sah das im Traktorenwerk Schönebeck entwickelte Seilzugaggregat SZ 24 aus. Die Dauerleistung des Sechszylinder-Dieselmotors betrug 180 PS bei 1500/min. Das Bild wurde bei Einsatzuntersuchungen in der Wische im September 1957 aufgenommen

Vom Werk Bodenbearbeitungsgeräte Leipzig konstruierter Drehpflug für das Seilzugaggregat SZ 24

Es hat nicht an Versuchen gefehlt, die Dampfmaschine durch einen Elektro- oder Verbrennungsmotor zu ersetzen, letztlich ohne Erfolg. In den fünfziger Jahren wurde in der ehemaligen DDR erneut ein Versuch gestartet, ein Seilzugaggregat mit Dieselmotorantrieb zu entwickeln. Aber inzwischen waren die Traktoren immer größer und leistungsfähiger geworden und konnten die Arbeiten des Seilzugaggregates wirtschaftlicher übernehmen. Schön, dass man einige dieser eindrucksvollen Aggregate erhalten hat und man sie in Museen bewundern kann.

Deutsche Landwirtschaftliche Gesellschaft (DLG)

Wer glaubte, dass Max Eyth nach seinem Ausscheiden aus der Fowlerschen Firma und nach einer so turbulenten Zeit etwas kürzer treten würde, täuschte sich gründlich. Er hatte in England die Vorzüge der „Royal Agricultural Society" und die von ihr organisierten Ausstellungen und Vergleichsprüfungen kennen gelernt und beschloss, in Deutschland eine ähnliche „Landwirtschaftliche Gesellschaft" ins Leben zu rufen. Das war keine leichte Aufgabe, denn einerseits war Deutschland damals noch sehr zersplittert, und andererseits konnte der weitgereiste Mann den Entwicklungsstand der Landwirtschaft in Deutschland gut einschätzen, sie war im Vergleich mit der englischen und amerikanischen Landwirtschaft ziemlich rückständig, eigentlich veraltet. Nur wenige Betriebe nutzten Sämaschinen, Mäh- und Dreschmaschinen. Die meisten Dreschmaschinen wurden noch mit dem Göpel angetrieben. Aufklärung über neue Möglichkeiten der Landtechnik und der Landwirtschaftswissenschaften war dringend notwendig. Landwirtschaftliche Vereine gab es bereits, zum Beispiel rief der Landwirtschaftliche Verein in Halle 1867 als erster eine „Prüfungsstation für Landmaschinen" ins Leben, aber diese Vereine agierten nur auf Lokal- und Provinzialebene, ebenso die landwirtschaftlichen Fachzeitschriften, die nur regional verbreitet waren. Die Fortschritte der Agrartechnik und der Agrarwissenschaft und ihre Nutzbarmachung in der Praxis sollten deshalb zur zentralen Aufgabe der neuen Gesellschaft werden. Einen Mitstreiter hatte Max Eyth bereits, den Direktor der Landwirtschaftlichen Akademie, Friedrich Wilhelm Dünkelbert, einer der wenigen Agrarwissenschaftler, die er schon von England her kannte. Am 11. Dezember 1885 fand in Berlin in einem kleinen Kreis fortschrittlicher, weitblickender Landwirte und Wissenschaftler die konstituierende Versammlung statt. Und heute

Seilzugaggregat mit Verbrennungsmotor von John Fowler (Leistung 200 PS), Baujahr 1930.
Dazu gehörte ein 5-Schar-Kipp-Pflug

Umbruch eines Getreide-Stoppelfeldes mit dem Dampfpflugaggregat des volkseigenen Gutes Barby im Oktober 1954. Pflugtiefe 25 cm

besteht die DLG immer noch, wenn man einmal von der Zeit des „Reichsnährstandes" ab 1933 und den ersten Nachkriegsjahren absieht.

Max Eyth prägte das Bild der DLG ganz entscheidend. Sie sollte frei und unabhängig von staatlichen und parteipolitischen Einflüssen sein, sie sollte sowohl Wissenschaftler als auch Praktiker vereinen, zum gegenseitigen Nutzen, getreu dem Eyth'schen Grundsatz: „Aus der Pflugfurche herauf muss die DLG wachsen, nicht vom Katheder herunter." Die Landmaschinen standen von 1887 an im Mittelpunkt der DLG-Ausstellungen. Einmal organisierte die DLG Maschinen-Vorführungen, zum anderen führte sie sachliche und objektive Prüfungen der Maschinen und Geräte durch. Und die Prüfberichte wurden bald zu wichtigen Entscheidungshilfen. Max Eyth war bis 1896 der führende Kopf der DLG. Er hatte nicht nur sein umfangreiches Fachwissen eingebracht, sondern auch vermocht, für ein menschliches Klima im Umgang miteinander zu sorgen. Wegen seiner hohen Verdienste war er vielfach geehrt worden; die Stuttgarter Technische Hochschule verlieh ihm die Würde eines Dr.-Ing. h.c., der König von Württemberg verlieh ihm den Titel „Geheimer Hofrat" und erhob ihn 1896 in den Adelsstand. Nach seinem Ausscheiden aus dem Direktorium der DLG verlegte Eyth seinen Wohnsitz von Berlin nach Ulm.

Der Poet Max Eyth

Nun begann sein dritter, sein letzter Lebensabschnitt. Eigentlich war er ein musischer Mensch gewesen, der immer sein Skizzenbuch bei sich hatte, zeichnete, malte, auch gerne musizierte, und seine Gedanken in Gedichten, Novellen und Romanen niederschrieb. Er hat sein umfangreiches Wissen nicht nur in Fachvorträgen und technischen Veröffentlichungen weitergegeben, sondern verstand es auch, sehr gemüt- und humorvolle, meist autobiographische Erzählungen und reizende Skizzen zu verfassen, die zum Teil unter dem Titel „Wanderbuch eines Ingenieurs" gesammelt sind (6 Bände, 1886). Jetzt hatte er endlich Zeit auch seine lange geplanten Buch-Projekte zu verwirklichen. 1899 erschien sein bekannter Roman „Hinter Pflug und Schraubstock" und 1902 „Der Kampf um die Cheopspyramide". Am bekanntesten wurde sein Roman „Der Schneider Ulm", dem er den beziehungsreichen Untertitel „Geschichte eines 200 Jahre zu früh Geborenen" gab. Er schildert den unglücklichen ersten Flugversuch seines Landsmannes Albrecht Ludwig Berblinger.

Im Arsenal von Alexandria kamen auch die Ersatzsteile für die Dampfpflüge aus England an. Max Eyth zeichnete 1864 das dortige Durcheinander (Sepia und Aquarell, 16 x 25, 3 cm Ulmer Museum Inv. Nr. 1908. Nachlass Max Eyht Nr. 74)

Es bereitet schon eine gewisse Freude; wenn man heute, nach über einhundert Jahren, seine Technikschilderungen liest. Etwa, wie er mit dem englischen Raddampfer „Northern Whale" den Kanal überquerte und sich das Schiff genauer ansah: „Dann lief ich natürlich zu den Maschinen und versuchte voll Wissensdrang in den Maschinenraum hinabzuklettern. Ein mürrisches Gebrüll aus der schwarzen Tiefe veranlasste mich zu beschleunigtem Rückzug. Aber es war auch von oben ein erheblicher Anblick: die mächtigen Kurbeln und Kurbelstangen, die blinkenden Lager, die kurzen trutzigen Zylinder, die wuchtigen Gelenke der übrigens sehr unwissenschaftlichen Steuerung. Steuerungen waren von der Schule her mein Steckenpferd; je komplizierter, um so besser. Und als sich das alles zu regen anfing, die riesigen Massen lautlos hin und her schaukelten, das ganze mächtige Schiff zitternd zu leben begann und es draußen rauschte und sprudelte, da vergaß ich, dass jetzt der Augenblick gekommen war, in dem ich dem Lande meiner Väter, wer weiß auf wie lange, wer weiß ob für immer, den Rücken kehrte. In der geistigen Welt, die eine große Maschine umgibt, kann man, wie in jeder anderen, versinken."

Eyth hatte schon sehr früh erkannt, dass auch technisch Dinge schön sein können: „Dass ein Gerät, eine Vase, eine Amphore schön sein kann, wird nicht geleugnet. Niemand kann einen vernünftigen Grund angeben, weshalb in ähnlicher Weise eine Maschine – dieses Gerät mit selbständiger Bewegung, mit einem gewissen Eigenleben – nicht schön sein könnte. Techniker sehen diese Schönheit: sie fühlen die Schönheit einer Lokomotive, einer mit technischem Geschmack entworfenen Werkzeugmaschine". Max von Eyth starb am 25. August 1906 in Ulm. Sein Grab wird noch heute gepflegt.

So zeichnete sich Max Eyth in der Dampfpflug-Fabrik von John Fowler in Leeds, England, im Jahr 1877
(Sepia und Aquarell, 19,7 x 26,3 cm, Ulmer Museum Inv. Nr. 1908. Nachlass Max Eyth Nr. m7)

Dampfpflüge im Einsatz bei Timaschwo, Russland. September 1876
(Sepia und Aquarell, 13,7 x 26,6 cm, Deutsche Landwirtschaftsgesellschaft, Frankfurt)

Ärger mit einem Esel, der Wasser für die Lokomobile heranschaffen sollte. Corinth, Naparima, Trinidad, Westindien. März 1870

(Bleistift, Sepia und Aquarell, 14,9 x 24,3 cm, Deutsche Landwirtschaftsgesellschaft, Frankfurt)

Das frühere Zisterzienserkloster Schöntal, wo Max Eyht seine Kinderjahre verbrachte, im Mai 1856 von ihm selbst gezeichnet. Im dortigen Seminar war sein Vater als Professor tätig.

(Tusche und Aquarell, 14 x 24 cm, Ulmer Museum Inv. Nr. 1908. Nachlass Max Eyth Nr. 339)

Claas Columbus

von Rudi Heppe

Der Mähdrescher fasst Mähen, Dreschen und Strohpressen in einem Arbeitsgang zusammen. Bei gemeinschaftlicher Nutzung und in größeren Betrieben hat er sich bereits bewährt."

Dieser Text ist dem Buch „Der Jungbauer" entnommen, das 1953 erschienen ist. Die Rede ist vom gezogenen Mähdrescher, der mittels Schlepperzug bedient wird. Der erste Mähdrescher der sich mit eigener Kraft fortbewegen kann, wird in Europa erst 1953 vorgestellt: Mit dem Namen „Herkules" stellt die Firma Claas im westfälischen Harsewinkel ihren Selbstfahrer vor. Die Skepsis der bäuerlichen Betriebe ist groß gegenüber der neuartigen Maschine und außerdem ist der Name unglücklich gewählt, denn ein konkurrierender Landmaschinenproduzent hat sich diese Bezeichnung bereits schützen lassen.

Ab 1954 bekommt der Mähdrescher einen neuen Namen: S.F. – die Abkürzung von Selbstfahrer. Mit einer Schnittbreite von 2 600 mm ist wahlweise ein 4-Zylinder Dieselmotor mit 50 PS oder ein 56 PS starker 6-Zylinder Benzinmotor lieferbar. Der 4,2 Tonnen schwere Mähdrescher hat serienmäßig einen Absackstand und eine eingebaute Niederdruck-Strohpresse mit einem Meter Kanalbreite. Die Bundgröße der zweimal bindenden Schwingkolbenpresse ist einstellbar. Bevorzugtes Einsatzgebiet des S.F. ist der großbäuerliche Betrieb oder der Lohnunternehmer.

Im September 1956 wird das Programm von Claas mit dem „Hukkepack" erweitert. Mit einer Schnittbreite von 1 800 cm und der möglichen Doppel-Nutzung des Fahrgestells soll diese Konstruktion den Einsatz in der Getreideernte bei mittleren und kleinen bäuerlichen Betrieben übernehmen. Der tech-

Claas Mähdrescher „Columbus" mit Daimler-Benz-Motor OM 636, aufgenommen im Juli 1964

nisch interessante Mähdrescher konnte sich jedoch am Markt nicht durchsetzen. Der als Fahrgestell dienende Geräteträger ist mit 12 PS für seine Zeit als Pflegeschlepper sicher ausreichend motorisiert, doch die konstruktiven Nachteile durch den Einsatz als Fahrgestell des Dreschsatzes überwiegen. Bemängelt wird der zu hohe Führerstand über dem linken Hinterrad und die schlechte Sicht auf die Geräte zwischen den Achsen.

Nur ein Jahr später wird der Claas „Columbus" vorgestellt. Benannt nach dem bekannten Entdecker hat man ihn für die Eroberung des Marktes der mittleren und kleinen bäuerlichen Betriebe angesetzt. Mit Erfolg, der selbstfahrende Mähdrescher mit einer Schnittbreite von 1 800 mm, kann auf kleinen Schlägen gut manövriert werden. Auch das bei der gezogenen Ausführung noch notwendige Anmähen des Schlages ist mit dem Einsatz des Columbus nicht mehr nötig.

Der dritte selbstfahrende „Silbervogel" aus Harsewinkel wird in der Werbung mit der Formel: „Niedriger Preis + hohe Leistung = Claas Columbus" angeboten. Der Selbstfahrer verfügt über ein gefedertes Schneidwerk, um sich „automatisch" an den Bodenunebenheiten anzupassen. Die eingebaute Hydraulik ermöglicht die Bedienung von Haspel, Schneidwerk und stufenloser Vorfahrt. Eine eingebaute Steinfangmulde zum Schutz gegen Beschädigung der Dreschwerkzeuge, vor allem der 800 mm breiten Dreschtrommel, ist serienmäßig.

Ausreichend dimensioniert sind die Schüttel- und Reinigungsorgane. Der auf zwei Kurbelwellen gelagerte Hordenschüttler ist dreiteilig und verfügt über eine Gesamtfläche von 2,2 m^2. Nach der Reinigung und der Sortierung in drei Qualitäten gelangt das Getreide in den Absackstand auf der linken Maschinenseite. Die Säcke können wahlweise auf einen Anhänger überladen oder auf dem Stoppel abgelegt werden. Gegen Aufpreis ist auch ein Korntank lieferbar.

Das Getriebe mit drei Vorwärts- und einem Rückwärtsgang kann die Geschwindigkeiten in den einzelnen Gängen hydraulisch stufenlos regeln. Im ersten Gang werden Geschwindigkeiten von 1,24 bis 2,98 km/h erreicht. Die zweite Stufe ermöglicht das Tempo von 2,64 km/h bis 6,3 km/h zu regeln. In dem größten Gang reicht die Abstufung von 5,8 km/h bis 13,8 km/h. Im Rückwärtsgang sind Fahrgeschwindigkeiten von 2,48 km/h bis 5,95 km/h möglich.

Um Schneidwerk, Dreschwerk, Reinigung, Strohpresse und Fahrwerk anzutreiben, bedarf es eines leistungsfähigen Triebwerkes. Bei Claas stehen drei Motoren zur Auswahl. In der Grundausrüstung ist es der luftgekühlte Benzin-Motor aus dem VW Käfer. Der 4-Zylinder-Boxer-Motor hat eine Leistung von 29 PS. Wird mehr Kraft benötigt, kann man zwischen einem wassergekühlten Perkins-Motor oder dem aus dem Unimog bekannten OM-636-Motor von Daimler-Benz wählen. Beide Aggregate sind Reihen-Vierzylinder, verfügen über 34 PS Leistung und werden mit Diesel betrieben.

Der Motor ist über dem rechten Vorderrad montiert. Vom gegenüberliegenden Fahrerstand ist ein guter Blick auf den voluminösen Luftansaugschacht bei dem VW-Motor gegeben. Der Dieselmotor wird quer zur Fahrtrichtung eingebaut und ist erkennbar an dem nach oben führenden Auspufftopf. Zusätzlich ist ein Kühlerkorb zum Schutz gegen den Staub angebracht.

Der Aufstieg zum Fahrerstand erfolgt über eine zweistufige Leiter. Im Gegensatz zum großen S.F. ist die Kommandozentrale beim Columbus über dem linken Vorderrad positioniert. Die Platzverhältnisse gegenüber dem Top-Modell sind beengter. Der Sitz ist mittig angeordnet und ermöglicht einen Blick auf das Schneidwerk. Die Pedale entsprechen in der Anordnung der eines Schleppers: Kupplung links und Doppel-Bremspedal rechts. Rechts neben dem Lenkrad ist das Steuerventil für die Hydraulik in einer Schaltkulisse griffbereit angeordnet. Mit diesem Hebel lassen sich Schneidwerk, Haspel und Fahrwerk bedienen. Rechts neben dem Fahrersitz sind Schalt- und Handbremshebel angebracht. In gleicher Höhe befinden sich Gashebel und Starterzug. Alle weiteren Bedienungselemente für die Dreschorgane wie Korbmomentverstellung und Kupplung für Schneid- und Dreschwerk sind ebenfalls hier angeordnet.

Die Armaturentafel unterhalb des Lenkrades ist spartanisch. Sie besteht aus Zündschloss, Anlasserknopf und den beiden Kontrolllampen für Zündung und Öldruck. Der Schalter für die Blinker wird erst 1961 hinzugefügt.

Zur Serienausstattung des Columbus zählt auch eine „organisch eingebaute" Strohpresse. Die zweimal bindende Schwingkolbenpresse verfügt nur über 70 cm Kanalbreite. Sie besitzt aber zusätzlich eine Ballenbremse zur Regelung des Pressdrucks. Als Zusatzeinrichtung kann alternativ ein Strohhäcksler geliefert werden. Hierbei ist jedoch der erhöhte Kraftbedarf zu beachten. Dieses Extra-Teil kann nur in Verbindung mit dem 34-PS-Motor geliefert werden.

Claas Mähdrescher „Columbus"

Das Eigengewicht wird mit 2,4 Tonnen angegeben. Dabei entfallen auf die Strohpresse 310 kg. Der Columbus hat in der Arbeitsstellung eine Gesamtlänge von 8 700 mm. Die vordere Spurweite beträgt 1 600 mm, die hintere 1 000 mm.

Mit Beginn der Ernte ist eine Bedienungsmannschaft zum Betrieb des Claas Columbus nötig. Der wichtigste Mann ist der Maschinenführer. Seine Aufgaben sind in der Bedienungsanleitung festgelegt: „Er übernimmt das Kommando über die Maschine und muss dieselbe voll und ganz beherrschen. Ihm obliegt auch die Überwachung der Maschine." Die zweite Person ist der Absackmann. Seine Position und Tätigkeit wird wie folgt beschrieben: „Er hat den Stand seitlich an der Maschine. Er bindet die gefüllten Säcke zu, hängt neue an und sorgt für das richtige Absetzen der Säcke von der Maschine." Hinzu kommt eine weitere Kontrollfunktion die nicht zu unterschätzen ist: „Vom Absackstand aus kann vor allen Dingen der rückwärtige Teil der Maschine gut beobachtet werden; der Absackmann soll deshalb auch auf ruhigen Lauf der Maschine, Bindung der Strohballen, Arbeiten des Zubringers der Strohpresse und dergleichen achten."

Die langjährige Erfahrung des Harsewinkeler Unternehmens im Mähdrescherbau spiegelt sich auch im fettgedruckten Nachsatz zur Bedienungsmannschaft wieder: „Wichtig ist, dass die einmal auf der Maschine eingespielte Bedienungsmannschaft nicht gewechselt wird. Während kleiner Regenpausen soll sie nicht gleich zu irgendwelchen anderen Arbeiten abberufen werden, sondern während dieser Zeit ihre Maschine gründlichst säubern, überprüfen und schmieren." Mit dem Einsatz eines Korntanks hat nur noch die Hälfte der Besatzung Arbeit: Der Maschinenführer.

Bevor die Maschine zum Einsatz kommt, erhält der Nutzer weitere wichtige Instruktionen in der Betriebsanleitung: „Sämtliche Anfänger im Mähdreschen beginnen zu früh und ernten daher unreifes, feuchtes Korn." Besonders hervorgehoben wird der folgende Satz: „Vom Wartenkönnen hängt der Erfolg des Mähdreschens und die Ausnutzung der Maschine im wesentlichen ab." Im weiteren Verlauf erfährt der Besitzer, dass ein „…in der Totreife gemähtes Feld rund zehn Prozent Mehrertrag gibt," als wenn der Schlag in „der sog. Binderreife" gemäht wird. Zu dieser Zeit ein außerordentlich wichtiger Aspekt: d

„Silbervogel" Claas Mähdrescher Columbus

Columbus ist in der Regel der erste selbstfahrende Mähdrescher, den der Besitzer einsetzt. Der kleinste Selbstfahrer im Claas-Programm hat bis 1960 noch eine Konkurrenz im eigenen Haus. Es ist der weniger erfolgreiche „Huckepack". Bemerkenswert ist, dass beide über das gleiche Schneidwerk verfügen.

Mit der Neuordnung des Mähdrescherangebotes im Jahr 1960 ändert sich auch die Lackierung der Mähdrescher: Keine „Silbervögel", sondern nur noch dunkelgrüne Mähdrescher werden in Harsewinkel ausgeliefert. Ansonsten wird der Columbus ohne größere Modifizierungen erfolgreich weiter produziert.

1966 wird das Motorenprogramm des Columbus erweitert. Neben den drei bekannten Varianten ist jetzt ein zweiter luftgekühlter VW-Industriemotor lieferbar. Der neue, mit Benzin betriebene Motor, hat eine Kraft von 38 PS. Nur ein Jahr später ändert sich nochmals die Außenfarbe. Wie der neu vorgestellte Großmähdrescher Mercator ist auch der Columbus im „saatengrünen" Farbkleid. Zugleich bekommt er wieder Konkurrenz im eigen Haus. Mit dem Comet wird ein modifizierter Columbus vorgestellt. Identisch ist die Größe des Schneidwerks und das Motorenangebot. Der nur mit Korntank lieferbare Comet hat zusätzlich eine Motorverkleidung und eine neu gestaltete äußere Silhouette. Beide Selbstfahrer bleiben noch bis 1970 im Programm.

Die Zeit des Columbus ist 1970 vorbei. Ebenso kommt das Aus für den Comet. Die Anforderungen in der Landwirtschaft sind gestiegen und einer der erfolgreichsten Mähdrescher aus Harsewinkel wird nach 31 912 Einheiten nicht mehr produziert. Dem Comet ist dagegen in seiner dreijährigen Produktionszeit ein cometenhafter Aufstieg versagt geblieben. Nicht einmal eine durchschnittliche Jahresproduktion des Vorgängers verläßt das Werk innerhalb der gesamten drei Jahre.

Nach drei Jahrzehnten der Produktionseinstellung kann man heute – mit etwas Glück – den einen oder anderen Columbus noch bei der Getreideernte beobachten. Doch mit der schwindenden Zahl der Kleinbauern wird auch der Columbus immer rarer. Gesucht wird der handliche Mähdrescher heute in den ehemaligen Ost-Block-Ländern, wo Kleinbauern nach einem preiswerten und zuverlässigen Mähdrescher suchen.

Weitere empfehlenswerte Bücher des Podszun-Verlags

Fordern Sie kostenlos und völlig unverbindlich unseren neuen Prospekt an mit Büchern über:

- Lastwagen
- Motorräder
- Autos
- Traktoren
- Feuerwehrfahrzeuge
- Lokomotiven
- Baumaschinen

Verlag Podszun-Motorbücher
Postfach 1525
D-59918 Brilon
Fax 02961 / 2508

165 Seiten, ISBN 3-86133-115-2
28 x 21 cm, fester Einband
EUR 24,90

144 Seiten, ISBN 3-86133-246-9
28 x 21 cm, fester Einband
EUR 19,90

160 Seiten, ISBN 3-86133-272-8
28 x 21 cm, fester Einband
EUR 24,90

144 Seiten, ISBN 3-86133-228-0
28 x 21 cm, fester Einband
EUR 19,90

144 Seiten, ISBN 3-86133-239-6
28 x 21 cm, fester Einband
EUR 19,90

144 Seiten, ISBN 3-86133-275-2
28 x 21 cm, fester Einband
EUR 19,90

144 Seiten, ISBN 3-86133-278-7
28 x 21 cm, fester Einband
EUR 19,90

144 Seiten, ISBN 3-86133-190-X
28 x 21 cm, fester Einband
EUR 24,90

144 Seiten, ISBN 3-86133-189-6
28 x 21 cm, fester Einband
EUR 19,90

144 Seiten, ISBN 3-86133-261-2
28 x 21 cm, fester Einband
EUR 19,90

144 Seiten, ISBN 3-86133-294-9
28 x 21 cm, fester Einband
EUR 24,90

DEUTZ